新疆农业职业技术学院现代学徒制试点学徒岗位教材

现代马产业技术专业现代学徒制系列教材

教育部第三批现代学徒制试点项目成果

马匹调教
学徒岗位手册

李　桉　吕微蓉　主编

中国农业大学出版社

·北京·

内 容 简 介

本教材是教育部第三批现代学徒制试点项目成果，以国际标准马匹调教技术为主，参照国内知名马术俱乐部马匹调教主要做法，由校企合作共同开发，操作性、实用性、推广性强，是国内马术职业教育教材的先行试点。本教材为学生以学徒身份在企业学习提供知识和技能指导，也可以作为企业新进员工培训手册。

图书在版编目（CIP）数据

马匹调教学徒岗位手册 / 李桉，吕微蓉主编. --北京：中国农业大学出版社，2021.7（2023.11 重印）

ISBN 978-7-5655-2564-3

Ⅰ.①马… Ⅱ.①李…②吕… Ⅲ.①马-训练技术-岗位培训-手册 Ⅳ.①S821.9-62

中国版本图书馆 CIP 数据核字(2021)第 111479 号

书　　名	马匹调教学徒岗位手册	
作　　者	李　桉　吕微蓉　主编	
策划编辑	康昊婷	**责任编辑**　陈颖颖
封面设计	李尘工作室	
出版发行	中国农业大学出版社	
社　　址	北京市海淀区圆明园西路 2 号	**邮政编码**　100193
电　　话	发行部 010-62733489,1190	读者服务部 010-62732336
	编辑部 010-62732617,2618	出　版　部 010-62733440
网　　址	http://www.caupress.cn	**E-mail** cbsszs@cau.edu.cn
经　　销	新华书店	
印　　刷	涿州市星河印刷有限公司	
版　　次	2021 年 12 月第 1 版　2023 年 11 月第 2 次印刷	
规　　格	787×1 092　16 开本　7.5 印张　150 千字	
定　　价	29.00 元	

图书如有质量问题本社发行部负责调换

编写人员

主　编　李　桉　新疆农业职业技术学院

　　　　吕微蓉　昭苏县职业技术学校

副主编　丁　鹏　武汉商学院体育学院

　　　　郑文祥　伊犁种马场核心马队

参　编　王　勇　内蒙古农业大学职业技术学院

　　　　冯　凯　新疆农业职业技术学院

　　　　刘晓娜　新疆农业职业技术学院

　　　　王静芳　阿勒泰地区职业技术学校

　　　　吕玲玲　昭苏县人民医院

　　　　史莉华　昭苏县职业技术学校

　　　　马树勇　新疆野马文化发展有限公司

　　　　马　忠　北京青奥营地教育咨询有限公司

　　　　巴音达拉　北京天星调良马术俱乐部

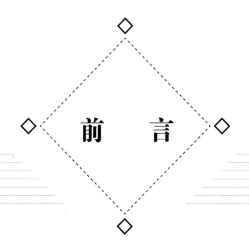

前　言

　　党的二十大报告指出，实施科教兴国战略，强化现代化建设人才支撑。教材在人才培养中起着重要作用。马匹调教学徒岗位课程是马产业相关专业的必修课程，马匹调教学徒岗位手册是课程的配套教材。本教材包括两部分：第一部分是步入企业，有 4 个入职培训专题，分别为我国马产业发展机遇与挑战、马产业企业管理文化、马产业企业人力资源开发与个人职业生涯发展、马产业企业财务管理；第二部分是学徒工作学习任务，有 2 个学徒任务，分别为马驹（1.5 岁之前）调教技术、1.5 岁青年马调教技术。本教材在讲述必要的理论知识外，重点利用图文并茂的方式阐述技能操作原理，同时附有学徒学习过程中和学习后需完成的课业，充分体现了学徒制教材的以下特色：①将学校教育与企业培训相结合，学生不但以学徒身份学习必要的知识和技能，而且学习工作态度、企业文化、企业精神等内容；②马企业技术员和教练员参与编写本教材第二部分学徒工作学习任务中的实操内容，使教材内容更贴近工作一线，更能指导实践工作；③本教材采用活页设计，学徒可以根据需要自行取用。

　　本教材编写分工为：李桉编写第一部分的入职培训专题 1；吕微蓉、郑文祥编写第一部分的入职培训专题 2；李桉、王静芳编写第一部分的入职培训专题 3；丁鹏、王勇编写第一部分的入职培训专题 4。李桉、郑文祥、冯凯、史莉华、马忠编写第二部分的学徒任务一；吕微蓉、冯凯、刘晓娜、马树勇、巴音达拉、吕玲玲编写第二部分的学徒任务二。

　　本教材在编写过程中参阅了国内外马匹调教领域的有关图书、期刊和网站等，并引用了其中的一些资料，由于我校未配备完善的实训条件，许多图片无法实地拍摄，特别感谢浙江台州马语者马术俱乐部提供的精美图片，在此向以上相关单位和个人表示由衷的感谢。由于编者水平有限，书中难免有不妥之处，敬请广大读者提出宝贵意见。

编　者

2023 年 11 月

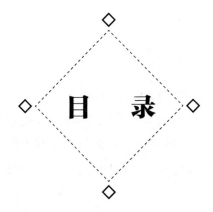

目　录

第一部分

步入企业

入职培训专题 1
我国马产业发展机遇与挑战

第一节　我国马产业发展与地位

一、　我国马产业发展历程

我国是世界上养马历史最悠久的国家之一，马文化源远流长。早在 5 000 多年前，我国已用马驾车，殷代即开始设立马政，是世界上最早的马政雏形。周代将马分为 6 类，即种马、戎马（军用）、齐马（仪仗用）、道马（驿用）、田马（狩猎用）、驽马（杂役用）。历代养马业的兴盛，不仅对运输、耕耘、邮政、军事起了重要作用，还进一步沟通了中原和西域的文化。中华人民共和国成立后，党和政府对发展耕畜采取保护和奖励政策，在积极发展马匹数量的同时，注重马匹质量的提高，除本地品种选育外，还引入优良品种进行杂交。中华人民共和国成立以来，我国马业发展经历了 3 个阶段：

1. 快速发展阶段（1949—1977 年）。1950 年，我国从苏联首批引入阿尔登马、苏纯（高）血马、顿河马、阿哈马、卡巴金马等 8 个马种共 1 125 匹。1977 年，我国马匹存栏数达到历史最高纪录，为 1 144.7 万匹，居世界首位。

2. 下降调整阶段（1978—1996 年）。在农业机械化大背景之下，我国马匹存栏数从 1978 年至 1996 年基本呈逐年下降趋势（图 1-1）。但在此期间，我国还育成了三河马、伊吾马、山丹马等新品种。1979 年，中国马术协会成立，并于 1982 年加入国际马联。

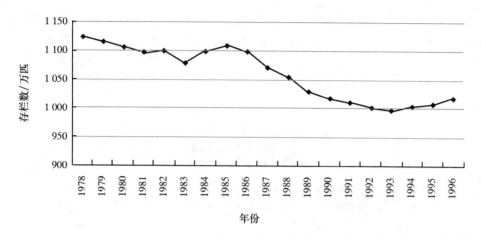

图 1-1　1978—1996 年我国马匹下降趋势

3. 结构优化阶段（1997 年至今）。1997 年之后，我国马匹存栏数继续逐年走低。虽然传统马业在我国一直在下滑，但现代马业在逐步兴起。现代马业中，赛马、马术运动、休闲骑乘与产品养马等分类形式已形成，其经济性、文化性与社会性日渐突出，现代马业正逐步成为国家社会经济的新型增长点。

2002 年，中国马业协会也在全国马匹育种委员会的基础上成立。赛马场、骑马俱乐部、旅游跑马场等实业不断增加，全国有 1 000 家以上的马术俱乐部。旅游用马更是越来越火，已成为现代消费的时尚。此外，良种马匹的改良、引进史无前例。图 1-2 为 2005—2011 年我国马匹的进口趋势。1998 年，北京华骏育马有限公司成立，有英纯血马 2 800 匹，是当时亚洲最大的纯血马场。近年来，我国马业与世界马业的交流增加，国内马业企业家、学者、马术运动员、教练员、马兽医、驯马师等先后到德国、法国、澳大利亚等地进行学习深造。为配合现代马业发展的需要，2003 年中国马文化博物馆在北京成立，同时也是亚洲最大的马文化博物馆。

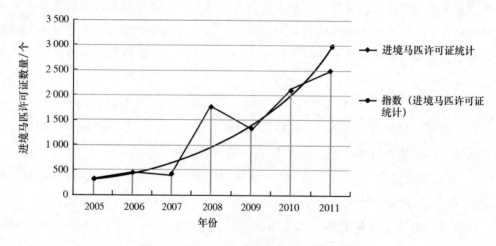

图 1-2　2005—2011 年我国马匹的进口趋势

我国马匹发展至今,正在从役用型向运动型和娱乐型转变,现代马业对国家经济发展有着巨大的促进作用。培育适合现代生活需求的马匹不仅可以使农牧民致富,还可以丰富人民的文化生活,因此,我国的马业具有广阔的市场前景。快速发展的经济为我国马业的发展提供了良好的基础。特别是2008年奥运会在我国的成功申办,更促进了我国马业的进步,也将世界的目光聚向我国。2014年5月,世界汗血马协会特别大会暨中国马文化节在京召开,国家主席习近平参会并致辞,标志着我国马业迈上了一个新的台阶。

我国正在从传统马业向现代马业转型,现代马业的核心是休闲骑乘、娱乐、运动竞赛。我国马术赛事活动每年以20%以上的速度增加,北京、上海、内蒙古、新疆、天津、武汉、成都等地陆续举办了自己的马术赛事活动。我国骑马人数及马主数量每年在以30%以上的速度增长,马术与骑马逐渐成为一种时尚。但目前我国尚无拥有完整马产业链的企业,产业上下游亟须整合发展。全球资本看好我国马业,风险投资开始进入。我国马种资源及相应的数量态势见表1-1。

表1-1　我国马种资源及相应的数量态势

马种	名称	数量态势	马种	名称	数量态势
地方马种	蒙古马	减少	培育马种	伊犁马	—
	锡尼河马	濒危		三河马	
	鄂伦春马	濒危		金州马	
	河曲马	减少		铁岭挽马	
	大通马	濒危		吉林马	
	岔口驿马	减少		黑龙江马	
	哈萨克马	减少		关中马	
	焉耆马	濒危		渤海马	
	巴里坤马	濒危		黑河马	
	云南马	平稳		山丹马	
	建昌马	减少		伊番马	
	贵州马	平稳			
	百色马	减少			
	藏马	减少			
	利川马	濒危			

二、 马产业在畜牧生产中的重要地位

1. 马产业是现代畜牧业的重要组成部分，是建设现代农业和社会主义新农村的重要内容，也是国民经济和社会发展的基础产业。发展马产业对增加农牧民收入、推进农业现代化和社会主义新农村建设、促进我国经济社会发展具有极为重要的战略作用。当前我国马产业正处于转折时期，由于我国经济发展迅速，服务于农业和交通运输的马匹基本退出历史舞台，在军队中服役的马匹的数量也大大缩减，马匹已经渐渐开始服务于运动、休闲、医药和食品加工等领域。我国是养马大国，现有马 700 多万匹，由于受国家产业政策、生产条件、技术装备和市场需求的影响，马产业的发展缓慢。国外发达国家主要围绕商业性赛马发展马产业，我国由于国家产业政策的限制，马产业的发展具有其特殊性，短期内还无法与国际接轨。从目前看来，马的产品开发（结合雌激素、孕马血清促性腺激素、马脂、马肉、马乳等）和运动用马（速度赛马、骑乘、娱乐用马等）都具备了一定的产业和政策发展条件。

2. 马产业是国家重要的经济来源。从世界各国马业成功的实践经验看，现代马业确实是各自国家的一项非常重要的经济来源，从直接的上缴税收到捐助慈善事业，从解决大量人员就业到带动相关产业的发展，都可以说明其经济重要性和社会重要性。随着时代的发展，现代马业在全国的兴起是可能的，赛马业的兴起必将带动产品马业和育马业的全面发展。产品马业、育马业和赛马业是息息相关的，三者不可分割。如果没有赛马业，育马业和产品马业的发展将受到很大的阻碍；如果没有育马业，赛马业将失去基础，育马者培育出的优良马匹与赛马场比赛有着密切的关系。

第二节 世界范围内我国马产业发展机遇与挑战

一、 国外马产业发展趋势

（一） 国外现代马产业发展趋势

1. 品种培育（选育）面向非役用化、专门化。过去一些挽用马品种已转型为仪仗马、马术马，有些马品种（如设特兰矮马、美国花马等）已成为观赏马。为了满足世界马术运动用马的需要，用纯血马等热血马与挽用马杂交，经多年选育，培育出汉诺威马等很多优良的温血马品种。马匹品种用途的改变，大大满足了经济和文化高速发展下的市民健身和精神文化生活的需要。

2. 品种登记长期化、标准化、体系化、共享化。品种登记制度完备是世界马产业

发达国家的显著特点。登记是一切工作成功的基础，也是育种、研究、组织赛事的必要条件。阿拉伯马、纯血马等著名马种都有长期的系谱记录。马匹登记由品种协会或有资质的登记委员会来完成，参加赛事、马匹拍卖、遗传资源保护都是以登记证书（或护照）为依据。大部分马匹品种的登记及其系谱记录资料都可以在网络上共享。

3. 重视马匹驯教技术和智力潜能开发。由于使用功能的转变，马匹由原来的农牧民或军队自用自养，转变为一种文化商品。育马者更多是通过驯教马匹使其性能得以良好的体现，从而获得更大的经济利益并满足市民健身和精神文化的需要。国外马匹驯教技术大都是从农业院校传统的养马和骑乘基础上拓展而来，并与骑手的培育相辅相成，从而产生了众多的马术学校。

4. 马匹鉴定及测试技术普遍运用。国外的马匹鉴定及测试技术严格而科学。马匹参加赛事或拍卖，依据权威部门所出具的等级鉴定证明进行。种马的留用更是严格，必须要在有资质的马匹测试中心，按照既定的程序进行运动性能、气质等方面的培养及测试，合格后才发放配种资格证明，没有资质的马匹配种后代不会被本品种认定。

5. 营养研究注重改善运动性。马匹的营养研究与其他家畜有很大的不同。赛马必须保持轻巧的体型，能量饲料不能过大，粗饲料比例不能过高，而马术运动需要平衡马营养，要注重改进马匹的气质和运动性能。高强度运动型的马匹特别要注意保持筋腱发育完好和体内电解质平衡。因此，马匹营养要根据不同用途和运动阶段差异进行相应调整。

6. 设施环境更注重科学性、文化性、福利性。现代马产业是一项文化产业，其文化特点比较突出。马学研究中很大一部分是马房建筑设计、马舍环境、马匹驯教设施等内容，在增加马匹运动性能的基础上，研究如何更大程度地接近自然、发挥马的潜能。另外，保障马匹的福利比其他家畜更为严格和科学，如国际马术联合会（FEI）就规定了马术运动中需要遵循的马匹福利等诸多原则。

（二）国外马产业模式

1. 体育休闲骑乘马产业模式。以美国、澳大利亚、爱尔兰、阿根廷、新西兰等为代表的国家赛马业发达，同时都以出口赛马为主，向世界供应赛马。质量良好的赛马大多出自英国、爱尔兰、美国、法国、德国。这些国家的马产业主要包括 3 类业务：赛马业、马的表演和展览、骑乘娱乐业，3 类业务推动了一个巨大的产业链。马产业是劳动密集型产业，从育种角度看也是技术密集型、资金密集型产业。上述国家都是纯血马的出口国，保有母马数量多，群体中母马比例也大。

2. 日本马产业模式。日本马产业的历史基本是一部赛马业发展史，饲养的主要品种为纯血马。在纯血马引进以前，日本只有包括木曾马、宫古马在内的 7 种土种矮马，完全出于农业生产和交通运输的需求。20 世纪 60 年代以后，随着农业机械化的发展，体育运动和娱乐成为日本马产业的主流。

3．产品养马产业模式。以俄罗斯等为代表的产品养马产业，主要是酸马奶生产。作为一种具有浓郁地域特色，且具有较高医疗保健作用的产品，酸马奶在俄罗斯许多地区都很受欢迎。目前，俄罗斯已有 100 多个酸马奶治疗所，为此专门培育出了专门化的乳用马品种，如巴什基里亚马、哈萨克马、新吉尔吉斯乳用马，其日均产奶量均在 15 kg 以上。目前，在哈萨克斯坦等中亚国家，马奶产品已经形成一定的工厂化生产规模，在超市有专门的马奶产品柜台，有可以在低温（0～10℃）下保存 1 个月的酸马奶等产品销售。

4．肉马生产模式。俄罗斯有过去苏联所培育的很多重挽马，随着农业机械化的普及，这些挽马已转向肉用，俄罗斯成为马肉的主要出口国。在俄罗斯及哈萨克斯坦等中亚国家，许多民族喜食马肉，因此他们培育了专门的肉用马品种，如巴什基尔马、新阿尔泰重型马等，专门进行马肉的生产。在当地，马肉价格也比其他畜肉（如牛、羊、猪、禽肉）高。

二、 我国马产业发展现状

现代马产业由传统马产业逐渐演变而来。传统马产业的主要特点是马匹以役用为主，主要应用在农业、交通、军事和产品生产等领域。现代马产业的主要特点是马匹以非役用为主，主要满足人们体育休闲娱乐的需要，包括赛马、马术及马术运动、马上休闲娱乐及相关产业。赛马主要是指商业赛马；马术一般指奥运会马术比赛项目：障碍赛、盛装舞步赛和三日赛；马术运动一般指奥运会马术比赛项目以外的其他马术运动项目，如马球赛、马轻驾车赛、马上技巧等，美国西部绕桶赛、我国少数民族的"姑娘追"、马戏表演以及全运会或重大喜庆活动上的赛马都属于此类；马上休闲娱乐的马匹主要是指各旅游景点的旅游用马、马匹爱好者自育马匹、马术俱乐部会员马匹、宠物马等；相关产业则包括教育培训、宣传广告、马具制造、饲料、兽药以及肉、乳、生物制剂生产等。中外最大的不同就是中国几乎所有的马术活动都围绕着马术俱乐部展开，这也是我们对全国马术发展进行调查时主要选择马术俱乐部的原因。2016 年全国有 907 家马术俱乐部，2017 年是 1 452 家，到了 2018 年发展到 1 802 家，从数据上可以看出中国马术的发展势头是非常迅猛的。

三、 我国马产业企业核心竞争力构建

（一）我国马产业企业面临的竞争状况

1．缺乏马产业专业人才。近年来，国家尤其是新疆维吾尔自治区等省份加大了对马产业的科技、项目的支持力度，但马产业专业技术人才长期不足，难以短期培养出能力强、经验丰富的本土人才，致使马产业发展的科技服务能力还比较低。同时，全国爱马人士群体庞大，但在游乐、骑乘、健身等方面缺乏专业人士的引导，潜在市场

吸引力不足。因此，我国马产业企业急需加强外向合作与交流，学习国外先进的马产业经营理念，强化人才培养和技术引进。

2. 缺乏政策性持续的产业投入。马产业投资大、周期长，在一定程度上限制了农牧民的发展投入。同时，马产业企业自我发展能力不足，马品种改良设施条件简陋，优质种马缺乏，后续产业能力不足，在一定程度上制约了马产业的健康稳定发展，亟须建立高层次的马产业发展基金。

3. 缺少发展保障机制。现代马产业是一项复杂的系统工程。目前，广大农牧民养马经营粗放，以一家一户牧养为主，良种不多，养殖水平不高，品种改良、疫病防治、产品收购、市场开拓不畅，产业链接松散，马产品、马文化开发滞后，产业化水平较低，制约着马产业的整体发展。因此，我国现代马产业急需产业政策支持，成立马产业发展龙头企业，组建基层特色马产业协会与合作社，扶持专业养殖大户，强化养马业组织化、产品化，使特色养马业形成规模与合力，建立产品马（肉用马、乳用马、运动马等）养殖繁育基地，推进多元化发展。

（二）马产业企业核心竞争力的构成因素

1. 专业人才。专业人才是马产业企业发展核心竞争力的创造者、执行者、创新者和评估者。发挥马产业企业核心竞争力就是专业人才资本与马产业企业有机结合在一起。

2. 管理体系。组织管理能力的高低是马产业企业兴衰成败的标志。高效的组织管理能力有助于企业更好地把握市场机会和化解市场风险，有助于制定和调整企业发展战略目标，还有助于企业调动马房管理部、教练部、会员部和营销部等部门人员的工作积极性及协调性，并提升企业形象，最终为企业目标的实现做出基础性或关键性贡献。组织管理能力是实现企业资源合理配置的重要保障，是核心竞争力的支撑要素。

3. 营销系统。营销系统包括营销技术和营销网络。营销技术是指企业将优良的马匹、先进科学的骑乘技术和良好的售后服务能力市场化，并将这3种能力优势转化为市场优势的能力，是核心竞争力的重要支撑要素。为了促进这3种优势的市场化，马产业公司应根据企业战略目标和会员的消费特点建立相应的营销网络，为这3种优势顺利、快捷地传播至会员提供保障，同时还应通过营销网络为会员和其他顾客提供多样化服务，从而将这3种优势转换为市场竞争优势。

4. 企业文化。马产业企业文化是企业核心竞争力的重要内容，良好的企业文化是企业整合更大范围的资源和迅速提高市场份额的重要因素。企业文化使企业员工按照企业共同的发展目标而努力，提高企业的生产效率；使员工自觉地协调配合，减少内部冲突及管理费用；给企业员工带来一种凝聚力，使其围绕核心竞争力展开服务。

（三）马产业企业核心竞争力构建的基本途径

核心竞争力是企业竞争力中那些最基本的能使整个企业保持长期稳定的竞争优势、

获得稳定超额利润的竞争力，是将技能资产和运作机制有机融合的企业自身组织能力，是企业推行内部管理性战略和外部交易性战略的结果。现代企业的核心竞争力是一个以知识、创新为基本内核的企业某种关键资源或关键能力的组合，是能够使企业在一定时期内保持现实或潜在竞争优势的动态平衡系统。在世界贸易一体化的大背景下，马产业企业如果没有自己的核心竞争力将难以生存与发展。

马产业企业核心竞争力构建的基本途径如下：

1. 构建马产业企业核心技术能力。这是构建马产业企业核心竞争力的首要途径。企业核心技术方面要与时俱进，不能抱残守缺，如果能够在技术上时刻保持领先，那么企业就拥有了核心技术竞争力。

2. 构建马产业企业营销服务能力。企业要赢利、发展，就必须有足够多的客户接受其产品和服务。如果没有多元、有效的渠道提供营销服务能力，沟通企业与客户之间的关系，企业与客户隔离，也就无法运营。因而，渠道就是一种资源，渠道竞争力代表的营销服务能力直接构成企业核心竞争力的一个方面。

3. 构建马产业企业管理能力。在管理上时刻紧跟时代发展，优秀的现代化管理不仅可以优化资源配置，还能够降低生产成本，提高一个企业的综合效率。

4. 构建马产业企业文化竞争力。文化竞争力就是由共同的价值观念、共同的思维方式和共同的行事方式构成的一种整合力，它直接起着协调企业组织的运行，整合其内、外部资源的作用。

学习、培训心得

学习时间			
学习地点			
学习方式			
学习资源		培训人	

【学习摘要】

收获：

签名：

入职培训专题 2
马产业企业管理文化

第一节 我国马产业企业的组织构架

一、马产业企业（马术俱乐部）组织机构及管理模式

马产业企业的组织机构一般采用"扁平式"进行设置，不同组织机构的企业管理模式依据企业规模、性质进行设置。下面以某马术俱乐部的组织机构（图 1-3）及管理模式为例进行讲解。

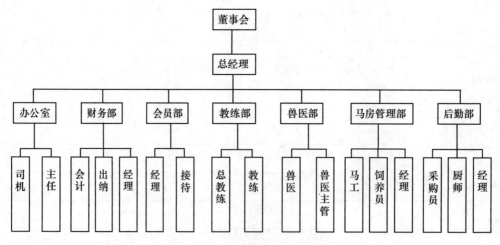

图 1-3 某马术俱乐部组织机构图

该马术俱乐部按管理职能分为 7 个部门：办公室、财务部、会员部、教练部、兽医部、马房管理部、后勤部。办公室设主任 1 名，财务部、会员部、马房管理部、后勤部各设经理 1 名，教练部设总教练 1 名、兽医部设兽医主管 1 名，主管本部门工作，直接上级为总经理。

马术俱乐部总经理负责总体财务和总监行政管理。

马术俱乐部总经理、财务部经理、办公室主任、会员部经理、马房管理部经理、教练部总教练、兽医部兽医主管、后勤部经理组成马术俱乐部管理团队，参加马术俱乐部行政管理例会，共同进行马术俱乐部生产经营管理的重大决策。

在马术俱乐部组织机构的设置和运营过程中，每人只能有一位直接上级，并受直接上级的管理。正常情况下，上级不能越级指挥，但可以越级了解情况；下级不能越级汇报，但可以越级投诉。

马术俱乐部中每人的工作业绩由直接上级进行考核评定，一般情况下，下级需要服从上级。

部门中各岗位的人数依据实际工作量逐步设置到位。

二、 部门业务职能

（一）办公室

1. 负责马术俱乐部行政事务管理工作。

2. 负责各项行政管理制度的制定、宣传、汇编及督办、奖罚工作。

3. 负责公章，文件（拟、收、发、存），合同及档案管理工作。

4. 负责会议组织、记录及会议纪要整理、上报、存档工作。

5. 负责员工招聘、培训、考核、考勤管理等工作。

6. 负责办公用品、劳保用品、福利物品及车辆的管理工作。

7. 负责场区卫生及安全管理、社会公益工作。

8. 负责客户及来访人员的咨询、接待及服务业务。

9. 负责有关法律事务工作及各种证照的申办、管理工作。

10. 负责报刊、信函的征订、接收、发放和存档管理工作。

11. 负责广告、宣传、文化娱乐及公共关系工作。

12. 负责对外对口部门（行政、保险、交通等部门）的相关业务工作。

（二）财务部

1. 负责马术俱乐部各项财务业务的操作及管理工作。

2. 负责马术俱乐部经营过程中财和物的运作管理工作。

3. 负责各项财务核算程序和财务管理制度的拟定及监督执行工作。

4. 负责资金运作计划的制订、上报、落实、监督执行工作。

5．负责各项经营活动预算及成果分析总结工作。

6．分析、拟定各项成本费用标准，监督、控制各项成本费用目标。

7．负责客户及来访人员的咨询、接待及相关业务服务工作。

8．负责马术俱乐部对外对口部门（财务、工商、税务、银行、审计、劳资等部门）的相关业务工作。

（三）会员部

1．在总经理的指导下完成马术俱乐部会员事务的处理工作，协助各部门做好顾客的服务工作。

2．对每一位到访的顾客给予热情的欢迎，负责所有顾客的咨询与接待工作。

3．做好马术俱乐部各项活动及消费项目的计划工作，及时与各部门沟通及安排执行工作。

4．做好 VIP 会员的接待及安排工作。

5．建立本部门销售及培训计划，给予每位员工相关工作职责与范围的清晰指导；根据工作级别确定具体要求，制定服务标准并落实工作。

6．建立工作档案，存储必要的会员资料，做好会员意见及建议的记录和跟进工作，及时向上级主管汇报并注意保密。

7．熟悉和促进马术俱乐部营运产品推广销售的运作程序。

8．开发客户资源，寻找潜在客户，完成销售目标。

9．完成定期量化的工作要求，并能独立处理和解决所负责的任务。

10．完成上级交办的其他工作。

（四）教练部

1．全面负责教练的日常管理和培训等工作。制定教练部的发展规划，充分利用马匹资源和人力资源为部门创造最大的经济效益。

2．全面负责教练的日常代课工作，贯彻俱乐部各项规章制度，保证各项任务的顺利完成。

3．根据工作任务进行专业岗位的人员招聘工作。

4．根据市场和客户需求变化、营业时间、产品和收费标准等制订管理方案，并协助总教练实施。

5．做好教练员工作考核和指导工作，调动各级人员积极性。随时做好巡视检查，保证马术俱乐部各处设施项目管理和服务工作的协调发展。

6．完成上级交办的其他工作。

（五）马房管理部

1．全面负责马房日常运营、防疫管理、后勤保障等工作。

2．负责马匹的日常调度、训练安排。

3．巡视检查，保证马房各项设施正常运转。

4．负责制定马房各项管理制度、饲养条例、防疫标准。

5．参与制订马房的年度、季度发展计划。

6．每季度根据市场和客户的需求变化，向总经理提交一份市场调研报告。

（六）兽医部

1．依据马匹的伤病情况，对马匹实施医疗工作。

2．预防马匹常见疾病，对马匹的饲喂和马房环境进行监督。

3．指导饲养员对受伤马匹进行正确的饲喂和护理。

4．负责对伤病马匹的恢复情况进行记录，制作马匹信息卡。

5．指导对马匹的分类管理业务，做好马匹疾病的预防工作。

6．服从上级领导交办的其他任务。

（七）后勤部

1．负责俱乐部安全保卫、大门警卫和人员车辆进出的消毒工作。

2．负责俱乐部食堂的日常管理工作。

3．负责俱乐部水、电、暖正常供给和设施、设备的维修与保养工作。

4．负责俱乐部环境卫生、马粪清理拉运工作。

第二节　我国马产业企业的经营模式

下文以会员制马术俱乐部为例介绍我国马产业企业的经营模式。

会员制马术俱乐部以马术为主题平台，针对培训会员、马主会员、家庭会员等提供马术培训、马匹管理、马术赛事以及个人家庭休闲假和聚会等相关服务。

很多马术俱乐部具备举办马术赛事的各种设备，承担举办马术赛事的职能，并以此获得良好的声誉与经济效益，通过慈善活动等，获得社会收益。

一、 马术俱乐部的经营策略

（一）加强宣传力度，拓宽营销渠道

在马术发展过程中，其受众率的多少跟宣传营销有着很大的关联性，为此，马术俱乐部应该通过网络、电视、报刊等多种渠道开展宣传，还可以发行俱乐部内部刊物。

鉴于网络宣传成本低、传播快、覆盖广，应善加利用。同时，基于现代马术运动的休闲特性及其消费人群的特征，可将商务人士比重较大、消费能力较强的民航与高铁乘客作为重点宣传对象，将随机、随车读物作为重要的宣传载体。举办节事活动也是推广马术运动、提高俱乐部知名度和影响力的有效途径，具体形式可以是马术大奖赛、马术嘉年华、马术用品展、骑马旅行体验、俱乐部开放日等。俱乐部力求通过多形式、多渠道的努力，传播马术休闲文化，培育并扩大消费人群。

（二）加强行业内及行业间的合作，形成区域凝聚力

法国马术俱乐部发展较好，很大原因在于其采用携手合作、共同营销，因此马术俱乐部的发展可以通过俱乐部之间相互联合宣传、经营等建立区域性的联合体，推出逐站式的体验线路等。此外，俱乐部可以跳出行业圈，联合消费群体交叉度较高、特征相似的其他行业主体，如高尔夫俱乐部、户外运动俱乐部、汽车俱乐部、金融机构、航空公司、SPA 和温泉度假村、礼仪服务公司等，通过会员共享、积分累积、合办活动等方式开展跨行业合作，以此打破力量薄弱、市场狭小、竞争加剧的困境，实现互惠共赢。

（三）延伸经营产业链，实现多元化经营

俱乐部利用马术场地及经营活动内容，可与马术休闲活动、旅游、地产等实现有序衔接。例如，可与旅游业中的六大要素以及休闲地产中的别墅度假等结合开展多元化经营。同样，鉴于马术目标顾客的中高端性，俱乐部还可以与商务会议、企业聚餐、会展等相结合，承接某些活动，拓宽经营渠道。另外，通过组织、举办专业性的马术赛事，从场地出租、广告招商等环节中获利也是可行的办法。俱乐部还可以考虑开发并销售马术纪念品（如纪念 T 恤、鞋帽、工艺品等）。如此不仅能拓宽盈利渠道，而且可降低天气和季节因素给经营带来的不利影响。

（四）推进行业标准与规范体系建设

行业标准和规范体系是行业成熟的标志，任何行业的健康发展都离不开标准与规范。日本赛马产业的顺利发展在很大程度上得益于《赛马法》和《日本中央赛马会法》等相关法律规范。我国马术俱乐部正处在发展上升期，行业标准与规范体系的建设至关重要。

鉴于我国马术俱乐部的行业标准与规范体系建设尚处于初级发展阶段，我们可借鉴马术发展成熟的美国、日本、德国等的成功做法与经验，并结合我国的特殊国情，考虑我国马术休闲产业的发展现状与趋势，科学推进行业标准与规范体系的建设。

（五）完善人才机制，加大人才培训力度

人才是企业的核心竞争力，也是产业可持续发展的基础，马术产业同样也不例外。

目前我国马术产业专业人才匮乏，很多马术俱乐部只能去国外请相关专家进行指导、培训，增加了成本，而一个没有核心人才的企业是很难具有强大吸引力和长久发展动力的。因此，马术俱乐部要想适应发展趋势，必须在人才方面下功夫。

人才机制的完善可以通过两方面渠道：一方面要靠企业自身的努力，聘用专业教练，培训属于自己的团队；另一方面要发挥大中专院校的人才培养主渠道功能。企业要在经营中不断挖掘、培育、造就人才，逐步形成自我"造血"能力；院校要根据社会需求和自身特点，适时调整专业设置，加快师资和课程体系建设。在此基础上，可开展校企合作，引入有经验的国际优质教育资源。

（六）争取政府支持

政府的态度对产业的发展有重要影响，尤其在我国，政府的支持力度和产业发展效率在很大程度上是成正比的。所以马术产业的发展一定要与国家发展政策相一致，争取政府支持，为产业发展开辟良好的政策环境。

二、 马术俱乐部的骑手用品

（一）马靴或绑腿

骑手在骑马时，用马靴来防护马裤或者皮肤，防止被磨伤。质地好的马靴价格较高，且不能分享，可以考虑用绑腿加皮鞋的搭配方式来代替。

（二）马裤

为骑马所设计的紧身马裤以各种弹性布料制成。马裤在膝盖与大腿内侧与臀部下方都加缝耐磨的皮革，有的是在各处各缝一小块，有的是连成一大块。平常练习时，骑手可依喜好选择颜色，比赛时则规定要穿白色的马裤。

（三）手套

手套可以防护双手，以免被缰绳磨破。专业马术表演者的手套为白色。

（四）马刺

马刺是用来加强脚跟与马肚沟通的信号。骑手在骑马时，用脚压迫马肚可驱使马向前行进。有的马的感觉比较鲁钝，骑手用尽力气，它还是没感觉，这时马刺就派得上用场了。如果是骑一匹很敏感的马，那最好不要挂马刺，以免马太紧张而活蹦乱跳。马刺多半是不锈钢制的，其尾端的设计有许多种，有圆的、方的、带轮子的，甚至带齿轮的，各适合不同状况的马。初学者在上马前一定要请示教练，针对这次要骑乘的马，选择适当的马刺。

（五）马鞭

马鞭是提醒马匹的道具。马鞭拿在骑手的手上，可以达到提醒的目的。平常骑乘时用的马鞭比较长，有 70～80 cm 的，也有 120～130 cm 的。障碍超越比赛时用的马鞭，按照规定不可超过45 cm。马场马术比赛时，按照规定骑手不可以带马鞭上场。

（六）礼服

在正式比赛时，骑手除了必须戴骑士帽、穿白色马裤之外，还要穿合乎规定的礼服，打白色领带或领巾。障碍超越比赛时的礼服跟一般的西装差不多，颜色可为黑色或红色。马场马术比赛时的礼服，在初级比赛时为西装式，在高级比赛时则为燕尾服式，颜色必须为黑色或深蓝色。

（七）防护背心

防护背心可以矫正坐姿，也可以在发生意外时有效保护背部不受伤害。

（八）骑士帽

骑士帽不只是比赛时标准的服装之一，更是平常练习时不可缺少的安全帽。有两种骑士帽，平常练习与障碍超越比赛时用的是安全帽，马场马术比赛时用的是绅士帽。

具体骑手用品见图 1-4。

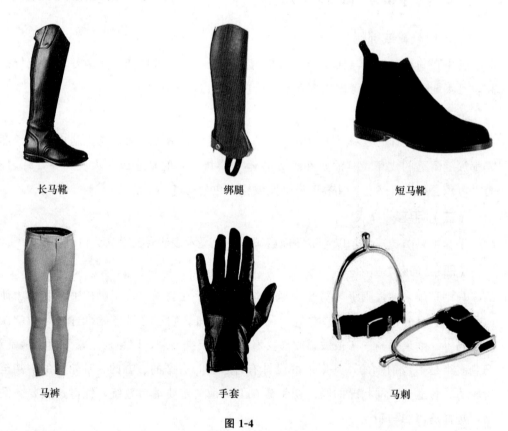

长马靴　　　　　　　　绑腿　　　　　　　　短马靴

马裤　　　　　　　　手套　　　　　　　　马刺

图 1-4

| 马鞭 | 西服 | 燕尾服 |

| 防护背心 | 安全帽 | 绅士帽 |

续图 1-4　骑手用品

三、 马术俱乐部的业务范围

（一） 马匹交易

马匹交易要了解各类马匹的血统、品性、优缺点和价位。

（二） 马术教学

马术俱乐部有专业的马术教练，对初次骑马的人进行技术指导，达到快速入门、安全骑马。

1. 准备：调教好的马匹，好的教练、骑师，以及标准的马房设施、室外马术练习场、调教圈、专业的马术障碍训练赛场、跑道、前台接待和会员休息室等硬件设施。

2. 广告宣传：主要是靠网上朋友圈传播以及马圈内的人互相带动，在本俱乐部参赛时借助比赛广告牌、传单和新闻媒体的宣传，或骑师参加其他各种比赛和同行的交流、学习和宣传。

3. 发展：依赖于马房管理团队、竞赛团队、客户服务团队等，每个团队里面还会有系统分支。任何行业都需要企业化的管理，马术行业的特殊性在于它不仅是体育、牧业、养殖的结合体，更是文化、娱乐、教育的混合体。尽管这个行业有它的特殊性，但同时它也是由一个个企业构成的，需要进行企业管理，需要提高各方面的服务品质。

4. 收入：以会员会费、马术培训、马匹寄养、赛事门票与赞助、会所活动为盈利模式，已初步形成一条马术行业的产业链。

企业文化培训心得

学习时间			
学习地点			
学习方式			
学习资源		培训人	

【学习摘要】

收获：

签名：

入职培训专题 3
马产业企业人力资源开发
与个人职业生涯发展

第一节 我国马产业企业人力资源建设

一、 马产业企业人力资源建设内涵

职业生涯规划又称职业发展管理，是企业为其员工实现职业目标所进行的一系列计划、组织、领导和控制、培训与开发等管理活动。它既是一种系统的人力资源配置手段，也是一种系统的人力资源开发手段，更是一种高层次的激励手段。职业生涯规划的目的在于把员工的个人需要与企业的需要统一起来，做到人尽其才并最大限度地调动员工的积极性，满足其自我实现的需要，从而大大提高企业的凝聚力、吸引力，达到企业组织与职工个人的双赢。

现代马产业企业越来越关心员工个人的职业发展，因为一方面科技的迅速发展与市场的竞争机制，使得企业越来越依赖员工的工作主动性与创造性；另一方面，科技的发展又带来员工文化技术水平的提高，使他们有了较强的自我意识和对自身权利的要求。在这种背景下，企业不但不反对员工对自身职业发展道路的设想与选择，而且鼓励并帮助他们完善和实现个人目标，同时设法引导其与企业的需要相一致。职业生涯规划要通过一定的职业发展通道来实现，建立多种职业发展通道，给广大员工提供个人发展的机会与平台，是企业职业发展管理的指导思想、出发点和归宿，也是员工职业发展管理的灵魂。

二、 企业员工职业生涯规划的意义

1. 有利于提高人才培养的针对性。开展职业生涯规划与管理，有利于企业的发展需求。企业有针对性地培养人才，把培训、管理等资源与手段聚焦在所需的岗位人才上，实现资源的合理配置，可以帮助人才尽快成长。

2. 有利于提高员工自我定位的准确性。增强员工对职业环境的把握能力和对职业困境的控制能力，摒弃"职务不提升即职业不成功"的旧观念，对自己有一个准确定位，在企业提供的工作舞台上更好地发挥自己的最佳才智与能力。

3. 有利于增强企业发展的可持续性。企业可以更合理、有效地利用人力资源，尽可能地为每个员工提供可充分展现自己才能的工作平台，积累充分的人才资源库，冲破企业发展与人才稀缺的瓶颈，增强企业的竞争力，促进企业的可持续发展。

4. 有助于留住人才。员工对自己未来发展趋向和潜力的关注程度，普遍超过对目前薪酬的关注。一批有能力、有志向的员工将会留下来，与企业共同完成双方的目标。

第二节　马产业企业个人职业生涯发展规划

一、 现代学徒制背景下马产业专业学徒制学生职业生涯规划的必要性

现代学徒制背景下的现代马产业技术专业的学生进入高职学习，就已经是学徒身份。学生以学徒身份学习学校专业教师和企业师傅教授的专业知识、专业技能和岗位综合能力。此外，结合现代学徒制特点，学校和企业要从学徒项目宣传、课程设置、学生课外活动、企业实习实践等多方面全方位开展工作，理论联系实际，让参加现代学徒制项目的学生树立规划职业生涯的意识，找到适合自己的职业生涯道路。学生作为学徒也要充分分析自身的职业兴趣和职业能力，了解企业和社会的发展现状和人才需求，切实做好自己的职业生涯规划，这样才能顺应现代学徒制发展的潮流，避免在职业发展的道路上迷失方向。

二、 马产业专业学徒制学生个人职业生涯规划的具体做法

1. 学生入校第一年认识现代学徒制人才培养模式，做出职业生涯规划设想。

学生刚步入高职，还不了解现代学徒制，因此在学生入校的第一阶段宣传现代学徒制时，要通过发放宣传册和调查表、开设讲座、参观学徒制培养合作企业、现场答疑等方式向学生介绍现代学徒制的人才培养特点和要求，使学生明确现代学徒制人才培养的过程和目标——就是通过学校、企业深度合作，教师、师傅联合传授，对学生

以技能培养为主的现代人才培养模式。学生深刻了解现代马产业技术专业现代学徒制执行的是校企双主体现代学徒制，是在校企深入合作的基础上，签订合作协议并成立合作培养领导小组等组织，所有徒弟（学生）的选拔、培养方案的制订、过程监控、质量评价等一系列的过程，都由校企双方来裁决，即校企双方协商决定、双方做主，最终培养符合企业需求的高素质技能型人才。学生第一年入校就会与合作企业面对面，通过企业介绍了解企业文化和经营理念，了解企业员工成长经历和晋升渠道。和企业面对面地交流、答疑，有利于学生从不同角度了解现代马产业专业现代学徒制，并结合自身情况，全面分析，综合考虑，最终有利于学生科学理性地考虑和选择自身的职业发展方向。

在学生入校第一年，学校也会开设职业生涯规划类课程、思想政治理论课程和专业基础类课程。职业生涯规划类课程引导学生认识职场，了解企业文化和对员工能力素质的要求，明确作为现代职业人的关键能力，在此基础上教会学生全面认识自我，综合分析就业环境，规划自己的职业生涯。思想政治理论课程为学生树立正确的人生观、价值观和理想观做出指引，引导学生在学业道路上努力前行。专业基础类课程由专业带头人和专业骨干教师为学生介绍本专业的人才培养方案、毕业要求及职业发展方向，让学生对所学专业有初步的认识。在正式开始本专业的学习之前，学校还开设认识实习课程，带领学生参观马术俱乐部，零距离感受企业文化，现场观摩各岗位的工作流程，让学生对本专业所学内容及今后的发展方向有更加直观的印象。通过第一年在校职业生涯规划类课程、思想政治理论课程和专业基础类课程学习，学生可以初步正确规划出自己的职业设想。

2. 学生入校第二年根据个人需要和现实变化，不断调整职业发展目标与计划。

在入校的第二年，现代马产业技术专业现代学徒制学生已经接受和理解现代学徒制培养学生的优势，因此学校在这一阶段利用各种活动，广泛开展形式多样的职业生涯规划教育。在班级活动方面，通过主题班会等方式，让学生进行主题研讨，尝试规划自己的职业生涯。在社团活动方面，鼓励学生根据自身兴趣爱好，加入职业生涯指导社团，参加就业、创业等活动，在相关老师的帮助下，掌握职业生涯规划方法和求职创业技巧，寻找自身兴趣和能力的契合点。在校企交流方面，针对现代马产业专业现代学徒制特点，通过实习就业基地、校友会等平台，开展企业讲坛、校友讲座，定期邀请企业的人事总监、技术工程师和优秀毕业生来校与学生交流，通过现场互动的方式，让学生既了解就业一线的情况，又能自我对照，寻找与自身特质更加契合的企业和工作岗位，提高学生的积极性和内驱力，从而不断调整努力方向，提高职业能力，聚焦职业发展方向。在竞赛活动方面，现代马产业技术专业现代学徒制学生每年参加"中牧杯"全国"互联网＋"现代农牧业创新创业大赛，从班级推荐、分院初赛，到学院决赛，遴选出表现突出的学生，再经过打磨锤炼，最终参加全国大赛。学生从第一届开始参赛，通过共同努力已经取得了一个二等奖和一个三等奖，这些成绩的取得能够促进学生的在校学习，提升学生规划职业生涯的水平。同时，学生在校第二年继续学习专业课程，可以打牢专业理论基础知识。此外很多专业课程技能知识都是在现代学徒制合作的马企业完成，使学生学到的专业知识、技能和企业的需要更加吻合，从而为学生第三年进入企业进行两阶段实习打下坚实基础。学生通过丰富多彩的活动和企业参与的专业课程学习能够更加明晰个人需要，从而制订出符合自己职业生涯发展的基本方案。

3. 入校第三年推荐学生进入马产业企业进行两阶段实习。

第一阶段是顶岗实习，学生以学徒身份根据自己的兴趣和特长在马术俱乐部选择某一岗位开展顶岗实习，在岗位工作中找到适合自己的职业发展道路。第二阶段是就业实习，学生通过第一阶段顶岗实习已掌握某一岗位工作，由学徒身份转成准员工身份开展预就业实习。现代马产业技术专业现代学徒制学生培养3年，企业参与全过程，形成"感知训练—模拟仿真—案例教学—创新实践"4层递进的实践体系，推进产学互动的工匠人才培养之路，实现"学生到学徒，学徒到工匠人"的转变。这时候学生就要利用现代学徒制培养人才的优势——准员工，整合学校、企业、优秀毕业生等多项资源，同时在老师的指引下坚定自己的选择，争取少走弯路，逐步实现自己的职业目标，以期早日登上职业生涯的高峰。现代马产业技术专业现代学徒制培养下学徒员工职业生涯规划通路见图1-5。

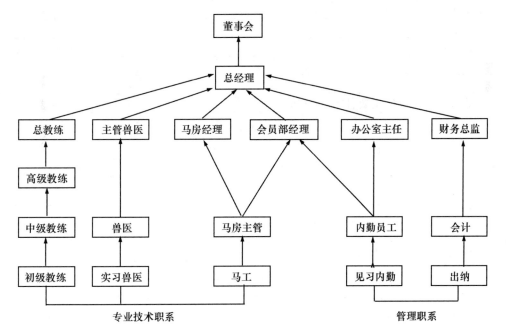

图1-5　现代马产业技术专业现代学徒制培养下学徒员工职业生涯规划通路

人力资源开发与个人职业生涯发展培训心得

学习时间	
学习地点	
学习方式	
学习资源	培训人

【根据培训学习内容每人完成个人短期（1～3年）职业生涯规划方案】

_____

姓名：　　　　性别：　　　　年龄：　　　　专业：

职业类型（在选定种类的题号上打钩，可选两个或两个以上）

1. 管理　　　2. 教练　　　3. 马房　　　4. 营销　　　5. 辅助

短期目标（1～3年）

1. 岗位目标_____

2. 技术等级目标_____

3. 收入目标_____

4. 其他目标_____

　　短期目标通道_____

图示

```
┌──────────┐      ┌──────────┐      ┌──────────┐
│          │─────▶│          │─────▶│          │
└──────────┘      └──────────┘      └──────────┘
```

简要文字说明_____

短期计划细节_____

_____

(1) 短期内要完成的主要任务、时间_____

_____

_____

(2) 有利条件_____

_____

_____

(3) 可能发生的意外与应急措施_____

_____

_____

_____

签名：

入职培训专题 4

马产业企业财务管理

第一节　马产业企业的财务制度

因马产业企业的性质、规模等有所不同，其财务制度差异较大，以下具体内容仅供参考。

一、总则

1. 依据《中华人民共和国会计法》《企业会计准则》制定本制度。

2. 为规范公司日常财务行为，发挥财务在公司经营管理和提高经济效益中的作用，便于公司各部门及员工对公司财务部工作进行有效监督，同时进一步完善公司财务管理制度，维护公司及员工相关的合法权益，制定本制度。公司财务实行以"计划"为特征的总经理负责制。属于已经总经理审批的计划内的支付，由相关事业部总经理书面授权，由财务负责人监核即可办理；属于计划外的支付，必须由公司总经理书面授权。严格执行《中华人民共和国会计法》等相关财务会计制度，接受财政、税务、审计等部门的检查、监督，保证会计资料合法、真实、及时、准确、完整。

二、 财务工作岗位职责

（一） 财务经理职责

1. 对岗位设置、人员配备、核算组织程序等提出方案，同时负责选拔、培训和考核财会人员。

2. 贯彻国家财税政策、法规，并结合公司具体情况建立规范的财务模式，指导建立健全相关财务核算制度，同时负责对公司内部财务管理制度的执行情况进行检查和考核。

3. 进行成本费用预测、计划、控制、核算、分析和考核，监督各部门降低消耗、节约费用、提高经济效益。

4. 其他相关工作。

（二） 财务主管职责

1. 负责管理公司的日常财务工作。

2. 负责对本部门内部的机构设置、人员配备、选调聘用、晋升辞退等提出方案和意见。

3. 负责对本部门财务人员的管理、教育、培训和考核。

4. 负责公司会计核算和财务管理制度的制定，推行会计电算化管理方式等。

5. 严格执行国家财经法规和公司各项制度，加强财务管理。

6. 参与公司各项资本经营活动的预测、计划、核算、分析决策和管理，做好对本部门工作的指导、监督、检查。

7. 组织指导编制财务收支计划、财务预决算，并监督贯彻执行；协助财务经理对成本费用进行控制、分析及考核。

8. 负责监管财务历史资料、文件、凭证、报表的整理、收集和立卷归档工作，并按规定手续报请销毁。

9. 参与价格及工资、奖金、福利政策的制定。

10. 完成领导交办的其他工作。

（三） 会计职责

1. 按照国家会计制度的规定记账、复账、报账，做到手续齐备、数字准确、账目清楚、处理及时。

2. 发票开具和审核，各项业务款项发生、回收的监督，业务报表的整理、审核、汇总，业务合同执行情况的监督、保管及统计报表的填报。

3. 会计业务的核算，财务制度的监督，会计档案的保存和管理工作。

4. 完成部门主管或相关领导交办的其他工作。

（四） 出纳职责

1. 建立健全现金出纳各种账册，严格审核现金收付凭证。

2. 严格执行现金管理制度，不得坐支现金，不得白条抵库。

3. 对每天发生的银行和现金收支业务做到日清月结，及时核对，保证账实相符。

三、 现金管理制度

1. 所有现金收支由公司出纳负责。

2. 建立和健全现金日记账簿，出纳应根据审批无误的收支凭单逐笔顺序登记现金流水收支账目，并每天结出余额核对库存，做到日清月结，账实相符。

3. 库存现金超过 3 000 元时必须存入银行。

4. 出纳收取现金时，须立即开具一式四联的支票回收登记表，由缴款人在右下角签名后，交缴款人、业务部门、出纳、会计各留存一联。

5. 任何现金支出必须按相关程序报批（详见支出审批制度）。因出差或其他原因必须预支现金的，须填写借款单，经总经理签字批准，方可支出现金。借款人要在出差回来或借款后 3 天内向出纳还款或报销（详见报销审核制度）。

6. 收支单据办理完毕后，出纳须在审核无误的收支凭单上签章，并在原始单据上加盖现金收、付讫章，防止重复报销。

四、 支票管理制度

1. 支票的购买、填写和保存由出纳负责。

2. 建立和健全银行存款日记账簿，出纳应根据审批无误的收支凭单，逐笔顺序登记银行流水收支账目，每工作日结束后结出余额。

3. 出纳收取支票时，须立即开具一式四联的支票回收登记表，由缴款人在右下角签名后，交缴款人、缴款部门、出纳、会计各留存一联。

4. 支票的使用必须填写支票领用单，由经办人、部门经理、财务主管（经理）、总经理（计划外部分）签字后，出纳方可开出。

5. 所开出支票必须封填收款单位名称。

6. 所开支票必须由收取支票方在支票头上签收或盖章。

五、 支出审批制度

（一） 目的

1. 简化支出审批手续，提高工作效率。

2. 防止因私占用公司财产。

（二）适用原则

1. 使用商业单位制，经营计划和财政预算内，授权行使终审权。（经理/部门负责人对该单位的营业指标负全责。）

2. 部门经理可适当地将其权限或部分权限，以文字形式授权给其副经理或部门主管等。

（三）审批程序

1. 计划内报销：经手人、证明人（持原始凭证）、分管经理（部门负责人）、财务部。

2. 超计划报销：经手人、证明人（持原始凭证和超支报告）、经理（部门负责人）、财务。

（四）计划审批内容

1. 购买日常办公用品、计算机的外设配件和耗材：其支出计划由运营中心收齐汇总，报公司总经理审批。原则上，运营管理中心统一购买并存库，各部门登记领用，计入各部门的费用。每月月底，运营管理中心向财务部提供有关方面的明细表（经各部门签字确认）。

2. 固定资产与办公家具（包括机房与 OA 设备）：各部门报申请计划，经部门负责人签字，公司总经理批准，公司技术部、运营管理中心统一协调核准后，对协调或购买情况写出需求报告，报公司总经理批准统一购买；金额在 1 万元以上的固定资产购入必须报总经理审批。

3. 参展/会费：由经办人随借款单附上邀请函与盖章完全的参展申请表复印件，由部门经理审批，财务部审核付款。本地展会原则上不得支付会务费；外地展会如在参展费中包含会务费用的，必须注明人数与明细并履行上述审批手续。凡批准住会，予以报销往返车票与会务费；不住会的，报销车票与差旅补助。

4. 凡是参加境外展览会，必须至少提前 1 个月向公司总经理提交专项申请报告，注明参展必要性、参展人数、费用预算等，经批准后方可执行。

5. 差旅费：各部门根据工作需要，制订出差计划，应注明出差地点、事由、时间、人数，由部门经理审核出差的必要性和借款的合理性，经理签字后交财务付款。各部门经理凭出差报告经公司总经理审批后方可借款（所有境外出差必须提前书面请示总经理，经批准后方可执行）。

6. 工资、奖金的支出：由公司人事部核准每月考勤，财务部编制发放表，经理签字确认，并报公司总经理批准后，财务发放。

7. 业务费用：业务费用包括业务交通费（含油费、保养费、过路费、搬运费），快递费，礼品费及业务招待费。

经总经理批准的计划内业务费用由部门经理审批，计划外业务费用报公司总经理审批。

六、 报销审核制度

（一） 原则

1. 严格执行财务收支审批制度，公司发生的各项开支都必须由经手人填写费用报销单，注明支出事由、项目、发票张数、报销金额和经办人签名、部门经理签字、财务经理审核（按照有关规定办理，分计划内和计划外相关程序审批）后，再由出纳付款。

2. 加强报销管理，当月账当月了，当月 25 日以后账，最迟不得超过下月 3 日前了。

3. 为了分清责任，进行部门核算，不同人员支出的业务费用不得混淆在一张报销单上。

（二） 支出相关部门审核

对所有报销内容，相关部门经理必须就其合理性及必要性进行审核。

（三） 财务部门审核

财务部门对所有报销票据的合法性，依据相关财经法规及内部财务制度进行审核。

（四） 审核权限

同审批权限。

（五） 费用报销及借款时间

没有月初、月底。

（六） 报销手续

严格执行财务报销制度，款项支出时填写支出凭单并将发票（所有票据须开明细发票，经手人须在票据背面签字）交给财务。由客户或分公司报销的要向财务注明并留复印件，原件给客户。为保证公司差旅费的合理使用，规范差旅费的开支标准，特制定差旅费报销管理规定，具体如下：

1. 出差人员是指经公司总经理批准离开本市 1 天以上进行各项公务活动的员工。

2. 出差人员出差需持有经部门经理、运营中心、公司总经理签字的出差申请表。申请表中需注明部门名称、出差人姓名、出差时间、出差地点、出差事由、出差来回乘坐交通工具、预计差旅费金额，报总经理审批，凭申请表办理借款和报销手续后将申请表交运营管理中心存档。

3. 报批手续：一般人员出差，在特殊情况下要乘飞机，必须有总经理审批同意，报公司总经理批准。

4. 因工出差到外地，出差人员可预借一定金额的差旅费。出差回来后，出差人员凭单据在 3 日内报销。对逾期不报销者，将从工资中扣除所借款项。

5. 出差人员的住宿费、市内交通费、伙食补助费实行定额包干（详见差旅费报销标准），由出差人员调剂使用，节余归己、超支不补。

6. 出差乘坐火车，一般以硬卧为标准，如买不到硬卧票，按硬座票价的 60％ 予以补助。

7. 出差期间的交际应酬费，须事先请示总经理特批。

8. 往返机场、车站的市内交通费准予单独凭车票报销（不含出租车费用）。

9. 出差参加展示会的运杂费、门票等准予单独凭票报销；对于由对方负担的到外地参加会议、展览及其他活动的人员食宿和其他费用，不得在公司报销路费并领取补助。

10. 出差或外出学习、培训、参加会议等，由集体统一安排食宿的，按其统一标准报销，不享受任何补助。

11. 出差补助天数的计算方法：

（1）出发日补助计算：以有效报销车票显示的准确开车时间或飞机票显示的准确起飞时间为准。上午 12：00 前出发的，可享受全天补助；12：00 后出发，当日不能到达目的地的，可享受半天补助；12：00 后出发，当日到达目的地并住宿的，可享受全天补助。

（2）到达日补助计算：以有效报销车票显示的准确开车时间或飞机票显示的准确起飞时间为准。上午 12：00 前返回的，可享受半天补助；12：00 后返回的，可享受全天补助。

12. 出差天数的计算方法：按照实际天数计算。

13. 费用核算：公司所有人员出差费用均计入各部门成本。

七、 往来账务管理制度

（一） 应收账款管理

1. 收款方针：

（1）业务人员在公司为其客户提供了相应的服务或劳务后，应及时把广告认定单交由客户确认，并及时催收款项。

（2）收款时间：次月 13 日前（数据入网要求一次收回合同所签订的金额）。

（3）回款方式：转账支票（非远期、空头或错误支票）；现金；抵实物（所抵实物必须为公司需要或对方企业濒临破产无法收回所欠款项，并且要有公司总经理的批示）。严禁业务人员垫付业务款，否则公司除追收客户款外，没收业务人员所垫款项，并通报批评。

（4）部门人员调动或离职等，必须由部门经理监督其业务款项的回收及移交，填写移交清单一式四份（一份交财务，一份部门留存，移交人、接受人各执一份）。移交人、接受人、监交人及财务部相关统计人员均应签字，并报财务备案。接受人应核对账单金额及是否经过客户确认。

2．未回款考核办法：

（1）未回款处罚：

①由于业务人员失职造成的未回款，扣全额。

②由于公司内部原因造成的未回款，分相关责任扣罚。

③由于外部不可抗力（如客户倒闭、破产等）造成的未回款，持相关部门证明，只扣业务成本。

（2）未回款从个人收入中按比例核减，待回款后按以下方法返还：

①未回款额分3个月核扣，当月扣10％，次月扣30％，第3个月扣60％；

②未回款扣款每月随工资补发，3个月内全部收回，补发全部扣款额，提成按5％；

③若第3个月仍未回收该款项，该业务人员停止业务，专职收款。在3个月之后回款，待回款后只补发扣款额，不予提成。

（3）未回款项不计入业绩。

（4）3个月及以上的未回款如申请坏账，则扣除该业务人员该笔应收款30％的印刷成本，并处以30％的罚款，其直接主管或经理督账不利，同时处以5％的罚款。

（5）若业务人员连续2个月无未回款且业绩均在部门任务额（任务额低于8 000元的以8 000元计）以上，则酌情给予奖励。由业务人员申报，部门经理审批，财务部门审核后在工资中发放。

（6）财务部门对部门未回款进行监督，对3个月以上的部门未回款，财务部门上报公司总裁。

（7）对预收款，按1％的比例对业务人员给予奖励。

（二）应付账款管理

1．付款时间：

（1）业务款项由部门申请，经过审批后执行；

（2）印刷费、版面费等次月20日左右支付（每月出刊后第2日报财务）；

（3）购置固定资产款项于固定资产验收入库后支付。

2．付款方式：

（1）转账支票（非远期、空头或错误支票）；

（2）现金；

（3）实物或广告，要有公司总经理的批示。

3．其他：非本公司人员领款时，必须由本公司相关人员带领。

八、 票据管理制度

（一） 发票管理

1. 申领：

（1） 由申请人在零星开票通知单中详细填写部门名称、申请日期、合同号（右上角填写）、企业全称、广告刊登媒体或网刊全称、业务发生具体日期、开票金额、业务性质（广告或信息）、申请人姓名等，交部门经理审批、会计审核后开具。

（2） 若零星开票通知单中的企业名称与合同中的企业名称不相符，业务人员需持有双方企业盖章认可的证明（特殊情况可由部门经理签字确认），财务方可开具发票。

（3） 杜绝开无企业名称发票。

（4） 杜绝开企业名称不全发票：任何人无权把企业名称缩减至2～3个字。

（5） 若业务实际发生与合同不符，业务人员需持有企业的附加合同或加盖公章的证明方可开票。

（6） 丢失发票一切后果由业务人员自负，在对方企业提供相关证明文件（标明发票号及金额并加盖公章）后，本公司可提供加盖公司发票专用章的发票存根联复印件。业务人员因丢失发票或其他原因需要借出发票时，需有书面申请并由各部门经理人员签字。财务人员对于借出发票应进行登记，并及时取回。

2. 回收：

（1） 当天领出发票，已收款项的，当天必须将款项交到公司出纳处，否则按挪用公款处理；当天未能收回款项的，当天必须将所领发票交还公司财务统一保管。客户因特殊原因需先将发票留下后再结款项的：所开发票金额在2 000元以下的，领票人必须要求客户签收条，经本部门经理签字后交回公司财务；所开发票金额在2 000元以上的，领票人必须持客户签收并加盖客户公司公章的收条，经部门经理签字后交回公司财务。违反此项，每次扣款200元，直至开除。

（2） 若是抵货业务，当天领出发票，必须要求客户开具同样金额的销售发票交还财务，否则必须将公司发票退回。违反此项，每次扣款100元。

（3） 凡将所开发票重新更改、退票（换名称或换金额），必须写明原因并经部门经理签字确认后方可退换。

3. 填写：公司统计（或会计）应根据审核无误的零星开票申请单按照发票顺序认真填写，保证真实、准确、完整，并加盖公司发票专用章。不得涂改、挖补或撕毁，如有填错，应整套（存根联、发票联、记账联）保存，并注明"作废"字样，以备查验。

（二） 监督

会计（统计、业务部门）应根据当天的支票回收单核对每张发票（每笔业务发生额）的回款情况，对所开出发票（所发生业务）进行监督。

（三） 内容不符时的处理

支票回收的付款公司名称与业务人员所报客户名称或所申请发票名称不符时，业务人员必须同时上交由付款方加盖财务章的付款说明由财务备案。如无说明，财务先扣留支票，要求业务人员补交说明，如到截止日期仍无说明，按未回款处理。

第二节　马产业企业一般财务流程

一、 主旨

为规范公司财务管理及有效控制费用支出，审核各项资金使用和费用开支，办理日常现金收付、费用报销、税费交纳、银行票据结算，保管库存现金及银行空白票据，做好公司筹融资工作，处理、协调与工商、税务、金融等部门间的关系，依法纳税，保证公司的合法利益，及时掌握分公司的经营状况，特制定本制度。

二、 适用范围

本制度适用于公司全体员工。

三、 财务报销、 用章及财产管理制度

根据相关的法律、法规及公司的实际情况，财物报销分为日常办公费用报销、工薪福利及相关费用报销、行政费用报销等，以下分别说明各项费用的财务报销制度和报销流程，并介绍财务用章及财产管理制度。所有款项的支付，须经公司总经理批准。财务部经理应委派专人直接从银行获取各银行账户对账单，并核对每月的银行对账单和银行存款日记账，编制银行存款余额调节表；同时应不定期盘点出纳保管的现金，以保证账目相符。

（一） 日常办公费用报销

1. 公司办公用品、会议费用及其他费用由办公室统一管理。

2. 借款流程。①借款人按规定填写借款单，注明借款事由、借款金额（大小写须完全一致，不得涂改）、支票或现金；②审批流程：部门经理审核签字→财务复核→总经理审批；③财务付款：借款人凭审批后的借款单到财务部门办理领款手续。

3. 日常办公费用主要包括差旅费、电话费、交通费、办公费、低值易耗品、业务招待费、培训费及资料费等。

4. 费用报销的一般规定。①报销人必须取得相应的合法票据；②填写报销单，应注意根据费用性质填写对应单据，严格按单据要求项目认真写，注明附件张数，金额

大小写须完全一致（不得涂改），简述费用内容或事由；③按规定的审批程序报批；④报销 5 000 元以上需提前 1 天通知财务部门以便备款；⑤各类报销单据必须分门别类、按照出差的时间先后顺序粘贴整齐，方便财务部门复核，否则财务部门有权拒签。

5. 差旅费报销流程。①出差申请：拟出差人员首先填写出差申请表，详细注明出差地点、目的、行程安排、交通工具及预计差旅费用项目等，出差申请表由总经理批准；②借支差旅费：出差人员将审批过的出差申请表交财务部门，按借款管理规定办理借款手续，出纳按规定支付所借款项；③购票：出差人员持审批过的出差申请表复印件到行政部门订票；④返回报销：出差人员应在回公司后 5 个工作日内办理报销事宜，根据差旅费用标准填写差旅费报销单，部门经理审核签字，财务部门审核签字，总经理审批。原则上，前款未清者不予办理新的借支。

6. 费用标准。①招待费：为了规范招待费的支出，大额招待费应事前征得总经理的同意；②培训费：为了便于公司根据需要统筹安排，此费用由公司行政部门统一管理，各部门的培训需求应及时报送行政部门，行政部门根据实际需要编制培训计划报总经理审批；③资料费：在保证满足需要的前提下，尽量节约成本，注意资源共享；④公司伙食费开支：公司负责员工午餐伙食费，标准为每人每月 600 元，由公司统一支付，不发放给个人；⑤员工通信费补助报销标准：每人每月不超过 300 元，采用实名制，以合法凭证实报实销。

7. 其他费用：根据实际需要据实支付。

8. 付款流程。①由经办人整理发票等资料并填写费用报销单（填写规范参照日常费用报销一般规定）；②按审批程序审批：主管部门经理审核签字→财务复核→总经理审批；③财务部门根据审批后的报销单金额付款；④若需提前借款，应按借款规定办理借支公司手续，并在 5 个工作日内办理报销手续。

9. 报销时间的具体规定：每个会计年度终结前，财务部门应提前通知公司各部门将应在当期报销的各类费用在最后 1 个月度会计结账之前完成报销流程并报销。无法取得相关票据的，应根据各类证据合理估计应报销金额，并在完成当期企业所得税汇算清缴之前补办报销流程。如果实际报销金额与估计金额差异过大，应调整所属会计年度会计报表。

（二）工薪福利及相关费用报销

1. 工薪福利等支出包括：工资、临时工资、离职工资、社会保险及其他福利费等。

2. 公司于每月 26 日发放工资，流程如下：行政部门核对考勤（包含人员变动、额度变动、捐款、社会保险等信息）→财务部门的会计人员进行工资核算（编制成标准格式的工资领取表）→财务经理审核工资编制的准确性→总经理审批→财务部门的出纳发放工资。

3. 临时工资及离职人员和公司辞退员工的支付在按审批程序审批后进行。

4. 按公司规定，员工试用期满后，公司根据其工作表现办理转正手续，转正后的工资按入职时的承诺工资进行调整。

5. 社会保险支付：由行政部门根据每月社保部门的保险清单和参保人员清单汇总、整理本月符合社保办理条件的员工，每月 25 日之前上交财务部门上月的社保统计表。

（三） 行政费用报销制度

1. 公司行政费用现金支出范围包括向职工支付的工资、奖金、津贴、差旅费，向个人支付的其他款项及不够支票起点 100 元的零星开支。

2. 公司职员报销行政费用应填写报销单，由经办人员填写，公司主管领导签字认可后报送财务部门按照本制度有关规定进行审核，并按前文规定进行审批支付。

3. 应酬、礼品费用支出实行一票一单、事前申报制，批准后方可实施。

4. 凡未具备报销条件（如没有对方单位的收款凭证），需领用支票或现金者必须填写借款单。借款单留财务存底，待借款还回时，财务开冲账收据给经办人。

5. 支票领用单、借款单必须由经办人填写，公司总经理签字，财务审核后，由财务部门直接支付。

6. 银行支票如发生丢失，有关责任人应及时向财务部门和开户银行报告。如是空白支票所造成的损失，丢失人员负有赔偿责任。

7. 其他有关费用及成本支出的程序以公司规定为准。

（四） 财务用章制度

1. 公司法人章、财务专用章、支付密码器及支票必须分开保管：公司法人章由公司财务部门或董事长指定专人保管，财务专用章和支付密码器由财务总监保管，支票由出纳负责保管。财务总监不在公司期间，财务专用章应由法定代表人指定的专人保管。财务专用章代管须办理交接手续。

2. 财务部门原则上不得将已加盖财务专用章及公司法人章的支票预留在公司，如因工作需要，需先填好限额，并经公司总经理批准。

3. 开具的支票须写明经批准同意的收款人全称，收取的发票抬头须与收款人相符。如收款人因特殊情况需要公司予以配合支付给第三者，必须有收款人的书面通知、第三者同意代收的书面文件，并经公司总经理批准。

4. 往来款项的冲转（指非正常经营业务），须与涉及的第三方达成书面一致协议，并经公司总经理批准。

5. 非正常经营业务调出资金须经过公司总经理批准。

6. 用以支付各种款项的原始凭证必须保存原件，复印件不得作为原始凭证。如遇特殊情况，须经公司总经理批准。

（五） 财产管理制度

1. 公司财产的范围：

（1）公司财产包括固定资产和低值易耗品。

（2）凡公司购入或自制的机器设备、动力设备、运输设备、工具仪器、管理用具、房屋建筑物等，具备单项价值在2 000元以上和耐用年限在1年以上的列为固定资产。

（3）凡单项价值在2 000元以下，或单项价值在2 000元以上，但耐用年限不足1年的用品用具，均属低值易耗品，按照前文相关规定办理。

2. 公司财务部门负责公司所有财产的会计核算及管理：

（1）公司本部使用的所有固定资产及公司所有办公用品、用具由财务部门统一管理。

（2）财务部门负责公司财产的业务核算，应设立台账，登记公司财产的购入、使用及库存情况，负责组织公司财产的保管、维修并制定相应的措施、办法。

（3）财产在公司内部之间转移使用应办理移交手续，移交手续由财产统一管理部门办理，送财务部门备案。

（4）财务部门应定期进行财产清查盘点工作，年终必须进行一次全面的盘点清查。

（5）财产盘点清查后发现盘盈、盘亏和毁损的，均应填报损益报告表，书面说明原因。对因个人失职造成财产损失的，必须追究主管人员和经办人员的责任。

（6）凡已达到自然报废条件的固定资产，应由财务部门进行评估，评估情况上报公司领导，由公司主管领导给出处理意见。

（7）凡尚未达到自然报废条件，但已不能正常使用的固定资产，使用部门应查明原因，如实上报。属个人责任事故的，应由有关责任人员负责赔偿损失；属自然灾害或其他不可抗力原因造成损失的，应上报总经理，决定如何处理。

学习、培训心得

学习时间			
学习地点			
学习方式			
学习资源		培训人	

【学习摘要】

收获：

签名：

第二部分

The second part

The second part

学徒工作学习任务

实训岗位

马匹调教岗位

【学徒环境】

学徒在马术俱乐部实训，要求企业具备一定的现代马企业文化；根据马匹调教阶段和岗位任务，企业的马匹数量需达到一定规模；要求马企业拥有完备的马匹调教装备，且马匹调教师数量较多、调教技术水平较高，在当地马产业领域具有一定的示范带动性和影响力。

【岗位目标】

面向现代马企业，培养拥护党的基本路线，德、智、体全面发展，具有良好职业道德和法制观念，具备扎实职业发展基础和基本职业素质，掌握现代马匹基础知识和综合职业能力，能够在现代马术俱乐部、马场等企业从事马匹调教岗位工作的高级技术技能型人才，能独立胜任现代马术俱乐部、马场等企业各工作环节的组织与管理。

【岗位综合目标】

1. 具备良好的个人综合素质。

2. 达到中国马业协会调教师职业标准。

3. 具备独立承担马匹基础调教技术岗位能力。

【知识目标】

一、职业道德

（一）职业道德基本知识

（二）职业守则

1. 诚实守信，尽职尽责。

2. 尊重科学，科教兴农。

3. 遵纪守法，爱岗敬业。

4. 团结协作，求实奉献。

5. 规范操作，保护生态。

二、基础知识

（一）安全知识

1. 马匹调教安全常识。

2. 马匹调教设备使用常识。

（二）专业基础知识

1. 马匹解剖生理知识。

2. 马属动物繁育知识。

3. 马匹营养与饲料知识。

4. 马房管理知识。

（三）相关法律、法规知识

1.《中华人民共和国劳动法》的相关知识。

2.《中华人民共和国农业法》的相关知识。

3.《饲料及饲料添加剂管理条例》的相关知识。

4.《饲料添加剂安全使用规范》的相关知识。

5.《中华人民共和国环境保护法》的相关知识。

【技术目标】

1. 马驹（1.5岁之前）调教技术。

2. 1.5岁青年马初级调教技术。

3. 马场马匹调教环境调控技术。

学徒任务一　马驹（1.5岁之前）调教技术

马术俱乐部马匹调教从马匹出生1～2周就开始，一直延续到1.5岁左右。马驹（1.5岁之前）的调教不是打圈、跑步、出腿、转方向和立定等高难度动作的调教，而是人马亲和、上笼头、牵行、举肢和脱敏等方面的基础调教。高难度的调教可以等到马驹长到1.5岁成为青年马再开始（在学徒任务二时会讲到）。

【专业知识准备】

一、 马术俱乐部马驹 （1.5 岁之前） 调教技术规范

（一） 人马亲和

马驹的行为像小孩子一样，小马驹大部分时间都在打盹、玩耍。有时候人们会说"哇，看它撩蹄子了，好可爱"，或是"它的小牙咬起人来一点都不疼"，但如果驯马师不及时制止小马驹的这些"毛病"，在长成强壮的青年马后，它们会变得很危险。因此马驹调教应尽早开始，小马驹学习正确动作越快，就越不会养成坏习惯。

我们在调教马驹时要先与马驹进行亲和训练，获得马驹的信任（图 2-1），此过程需要有耐心，并且要细致。马驹每天要有一小段时间（15～20 分钟）进行调教，这样可以帮助马驹克服恐惧心理。具体做法：建立语言交流，如肢体语言和声音口令；建立尊重；建立自信。驯马师或骑手应抚摸并刷拭马驹的全身，包括头部、背部、腹部、臀部、四肢，使马驹放松并适应。

图 2-1　人马亲和训练

（二） 上笼头

人马亲和训练完成后，驯马师或骑手要在马驹几周大的时候，让它习惯戴笼头（图 2-2）。首先，将笼头放到马房里，用语言和行动呼唤马驹，让马驹习惯驯马师或骑手的口令和行动，去闻、嗅笼头；其次，让马驹用蹄子去拨拉笼头，一直到马驹熟悉笼头，不再对笼头恐惧；最后，将马驹挤在围栏的一角，轻轻给它戴上笼头。如果母马已被驯服，它可以帮助把马驹挤进角落。小马驹习惯笼头的接触，戴着它走一小段时间后，抚弄马驹，给它一点儿谷物，将有助于它对笼头的适应，使它建立起愉快的感觉，同时让它习惯于听驯马师或骑手的口令和行动。重复这个过程一两个星期，当马驹学会接受笼头时，就可以教它适应牵行了。

马驹需要学习怎样安静地佩戴笼头，并适应长时间的佩戴，但在周围没有人的情况下给马驹戴笼头会很危险（图 2-3）：

（1）马驹戴着笼头独自待在一处时可能会有危险，因为马驹喜欢用后蹄去挠自己的头和耳朵，在这个过程中如果没有人发现，蹄子可能会不小心缠到笼头上，导致马驹受伤。

（2）马驹独自待在围栏之处也会有危险，因为马驹有时会把头从围栏之间伸过去，如果在这过程中没有人注意，笼头也可能会不小心挂在某个地方而造成危险。

图 2-2　马驹上笼头

图 2-3　马驹戴笼头时的危险动作

（三）牵行

在马驹学会戴笼头后，驯马师或骑手就要教马驹适应牵行（图 2-4）。第一步，驯马师或骑手要确保马驹适应并接受牵引绳的接触与移动。驯马师或骑手准备牵引绳，站在马驹左侧，将牵引绳放在马臀部上，向马驹的脸部、眼睛、耳朵和后肢、臀部抛牵引绳，让马驹适应牵引绳的移动和触碰，同时适应颈部和臀部的压力。当马驹对牵引绳没有过度反应或恐惧时，就可以进行第二步，即把牵引绳系在笼头上，用牵引绳绕过马的后肢，拉住缰和尾，让马驹后退，做向左、向右转圈运动。这要求马驹跟随压力转圈，转完圈以后，鼓励马驹向前走，一直调教到马驹能熟练跟随驯马师或骑手做下述动作——马驹左转圈后前行，马驹右转圈后前行。接下来进行第三步，即马驹牵行。驯马师或骑手站在马驹颈部左侧，人始终保持在与马驹颈部平行的位置，右手持调教索，左手持鞭，人走马驹也走，人停马驹也停，调教索指向前，左手就用马鞭轻戳马驹臀部，保证马驹与人同时行动，步调一致。每天坚持训练 30 分钟的牵行，延续 7～15 天后，马驹就可以适应驯马师或骑手的牵行。

马驹通过调教可以学会安静地服从驯马师或骑手的牵引，同时可以学会遵从驯马师或骑手的口令和行动。但是要马驹在被拴住时仍能保持安静地站立，则需要在其长大成熟后再对其进行训练，以避免马驹受惊。

图 2-4 马驹牵行图片

（四）举肢

马驹要学习举肢（图2-5），这个动作可以在教完牵行之后进行，马驹要被允许四肢都能抬起和放下。驯服马驹举肢，要先抚弄马驹四肢，让马平衡。先举前肢，再举后肢，并保持几秒再放下来对其进行锻炼。延续工作（举肢）直到马驹学会服从，没有反抗，并能保持平衡时，驯马师或骑手再尝试抬起更长时间。举肢的同时驯马师或骑手可以用手或小木棍轻轻敲击马驹四肢，因为举肢是为马驹日后进行扣蹄、钉蹄做准备，同时还有利于驯马师或骑手对马蹄进行检查、修整。马驹举肢调教大概需要延续2周。

图2-5　马驹举肢

（五）脱敏

马驹完成举肢调教后就可以进行简单的脱敏训练（图2-6）。多带马驹到处走走，让它们适应各种环境，如河流、树丛、木桩等；教马驹上下车，并让它们适应车内较为昏暗的环境。

图 2-6　马驹脱敏

二、 马驹调教注意事项

1. 不要纵容马驹做"可爱的动作"，如咬骑手的衣服、撂蹄子、咬人等。当马驹做上述动作时，要坚决而迅速地制止马驹，因为现在看起来可爱的动作以后可能会变成威胁。

2. 不要奢求完美。在训练马驹时不要奢求完美，因为它们的心理和生理都不成熟，每次训练只要有小进步就很好。

3. 保持始终如一。训练马，尤其是马驹的"黄金法则"是要始终如一，这意味着应该始终用同样的方式给马驹指令，在马驹没有达到骑手或驯马师的要求之前持续给予指令提示。每天花15～20分钟进行简单练习，让马驹运动起来，同时给马驹脱敏。骑手或驯马师越是始终如一，马驹学得就越快。

4. 不要让马驹逃避训练。不要让马驹产生逃避训练的心理。在第一次训练时，尽量选择一个小而封闭的环境，如调教圈、马房，这样马驹就很难逃避训练。一旦马驹逃走，跑到母马旁边或肚子下面，就会把训练演变成"你抓不住我"的游戏。一旦马驹养成了逃避习惯，就需要很长时间才能改正。

5. 不要让马驹领导自己。当马驹不再害怕骑手或驯马师，它可能会开始挑战骑手或驯马师的领导地位：不服从骑手或驯马师的指令，咬人，撂蹄子，甚至冲撞骑手或驯马师。在马驹群中，头马驹总是指挥其他的马驹，如果马驹的冲撞影响到骑手或驯马师的动作，那么对以后的驯导十分不利。要赢得马驹的尊重，需通过要求马驹前进、后退、向左、向右来实现。

如果骑手或驯马师在马驹小的时候就赢得它的尊重，马驹就不会认为踢、咬或逃跑是正确的。如果骑手或驯马师一再地纵容马驹，后面的驯导将面临很多风险。

6. 建立马驹的好奇心。骑手或驯马师与马驹交流接触得越多，就越能更好地建立与马驹的关系。如果骑手或驯马师一进马房就径直朝马驹走过去，并直接伸手抓它，马驹就会感到恐惧，并充满攻击性。而如果骑手或驯马师安静地走进马房，不去过多地关注马驹，它会好奇骑手或驯马师在干什么，并慢慢放松下来，靠近骑手或驯马师。此外，驯马中还有其他一些建立马驹好奇心的方法。

7. 适度是关键。在训练马驹时，练习不要过多或过少，将一次训练保持在15～20分钟，中间穿插多次休息。这样设计的原因有三：其一，小而散的训练方式比一次性的长时间训练要有效得多；其二，马驹的体力不如成熟的大马，时间短小的训练不会让马驹过度劳累；其三，时间过长的训练可能会对母马和马驹都带来压力。

8. 清晰的训练计划。在调驯马驹前，骑手或驯马师的头脑中应有一个清晰的训练计划和应对各类情况的方法。这样骑手或驯马师的动作会更自信、更放松，马驹也会更信任、更服从骑手或驯马师的指令；如果骑手或驯马师的动作犹豫不决，马驹也会犹豫，认为骑手或驯马师的指令可能是错误的。

注意，调教马驹时，只要是给马驹上行头（笼头、衔铁、马鞍等），都需要让马驹先闻、嗅，并用蹄子去拨拉玩弄，一直到熟悉这些行头，不再害怕后再去实施。

【典型人物案例】

姚新奎，男，汉族，1961年8月出生，博士，教授，博士研究生导师，动物生产系主任，马产业研究院院长，新疆马业协会理事长，中国马业协会副理事长，中国马业协会政策研究中心研究员。1982年7月毕业于原新疆八一农学院畜牧系畜牧专业，获学士学位。1989年6月毕业于原新疆八一农学院畜牧系动物生产专业，获硕士学位。2011年7月毕业于新疆农业大学草学专业，获博士学位。主要研究方向为马的遗传育种繁育、饲养管理、登记注册管理、产品开发、马术、赛马组织管理等，被誉为"骑在马背上的教授"。主持国家科技支撑计划项目2项，国际科技合作项目2项，农业部公益性行业专项1项，自治区重大科技专项2项。获自治区科技进步二等奖2项，主编《马生产管理学》等专著3部，发表科研论文60余篇，申报发明专利6项。

典型人物事迹感想：

典型人物工匠精神总结凝练：

【任务环境要求】

企业具有独立的调教场、调教用具、驯马师服装等调教成套设备。最好有一块四周被木板围栏围绕的场地，以及一片宁静的外出区域。只有当马积极向前、接受训练时，才算完成基础调教。

【任务目标与质量要求】

学徒独立完成马驹调教操作任务，调教效果评价良好。具有较强的组织和协调能力，独立处理马驹调教过程中的各类突发事件，完成学徒任务。

【工作任务实施】

工作任务实施描述，时间、地点、学习方法。

教学过程设计（教学环节）		任务内容	学习活动方法	学习时间
岗上学习		任务咨询	学徒小组开展	70 天
教学活动 1	岗前培训	岗位技能标准、规范、注意事项	师徒互动（小组讨论）完成任务单	3 天
教学活动 2	岗上技术指导	一般技术指导：马驹基础调教技术标准，马驹疾病预防，马房温度、湿度控制等技术	现场技术指导、师徒互动（小组讨论）完成任务单	3 天
		综合能力指导：正确装备马驹调教用具，驯马师正确着装；调教安全注意事项	现场技术指导、企业综合评价	4 天
教学活动 3	顶岗工作	独立承担马驹基础调教工作	独立承担岗位工作	60 天

【岗前培训】

岗前培训必选项目：

1. 企业安全生产制度。

2. 马驹基础调教岗位相关工作理论、岗位技能。

3. 岗位任务工作规程：

（1）马驹基础调教前的准备工作：调教场、调教用具、驯马师服装。

（2）日常调教管理工作：马驹饲喂、护理工作和马房环境控制。

（3）做好马房的日常消毒工作。

（4）马房工作记录规范，做好马房相关数据的记录工作。

岗前培训过程记录表

序号	岗前培训内容	培训形式	完成情况	培训师傅	培训日期
1					
2					
3					
4					
5					

岗前培训内容考核表

序号	培训内容	考核形式	考核情况记录	考核记录人	等次评定（优、良、中、差）
1					
2					
3					
4					
5					

【岗上技术指导】

1. 日常技术指导：

（1）能按照配方标准饲喂马驹。

（2）能适时补充和调制各种饲料添加剂。

（3）饮用水源消毒工作。

（4）能有效进行马房温度、湿度控制。

（5）适时对马驹进行检查、护理工作。

（6）常规马房设备、设施安装调试工作。

（7）控制马房通风量。

岗上一般技术指导过程记录表

序号	技术指导内容	学习完成情况	指导师傅	指导日期
1				
2				
3				
4				
5				

技术指导跟踪（考核）过程记录表

序号	指导内容	改进提升情况	跟踪记录人	记录日期
1				
2				
3				
4				
5				

岗位一般技术指导环节工作记录

马驹基础调教前工作完成记录表：

项目	完成情况	师傅评定	备注
调教场规格			
调教场围栏高度			
调教场围栏材质是否符合要求			
调教场拐角如何做合理			
调教用具是否齐全			
驯马师的服装是否符合要求			
调教笼头要求			
调教索和调教鞭的要求			
调教场环境温度、湿度要求			
马房环控设施是否正常运转			
马驹护理用具是否齐全、规范			

马驹的基础调教：

（1）人与马驹亲和训练：

项目	操作方法和要求
训练时间	
训练内容	

（2）上笼头：

项目	操作方法和要求
训练时间	
训练内容	

（3）牵行：

项目	操作方法和要求
训练时间	
训练内容	

（4）举肢：

项目	操作方法和要求
训练时间	
训练内容	

（5）脱敏：

项目	操作方法和要求
训练时间	
训练内容	

（6）调教环境的控制：

项目	操作方法和要求
温度	
湿度	
噪声	
气流	

（7）调教效果的评价：

评价项目		评价方法
马驹调教装备		
调教师装备		
马驹调教过程	人马亲和要求标准	
	上笼头、牵行、举肢要规范	
	马驹基础调教注意事项	

（8）马驹基础调教过程登记表：

时间/天	1～10	11～20	21～35	36～50	51～60	61～70
人马亲和训练						
上笼头训练						
牵行训练						
举肢训练						
脱敏训练						
管理措施						
防疫措施						

2. 岗位综合能力指导：

（1）马驹基础调教效果检测。

（2）马驹调教场围栏和场地设施检查。

（3）日常调教管理各项工作。

（4）马驹疫苗定期免疫接种等各项工作。

综合能力指导过程记录表

序号	能力项目	完成质量	师傅评价	协岗日期
1	马驹基础调教技术			
2	马驹调教场环境调控技术			
3	马驹日常饲喂技术			
4	马驹日常护理技术			
5	马房设施的管理与维护			
6	马驹疫苗定期接种技术			

学徒任务二　1.5岁青年马调教技术

调教青年马同样需要熟练、耐心和细致地进行。

青年马的调教始于在马房中把新的生活方式和鞍具介绍给它的那一刻。初次训练，将衔铁放入马嘴时必须非常谨慎。驯马师须用温柔的声音与马沟通，以避免马匹受惊，否则可能导致日后其他的困难。驯马师要多运用声音，通过轻柔的语调与马沟通能建立马匹的信心，不应对马大声喊叫。在马房里，应训练马匹适应备鞍、习惯肚带的接触。将马鞍放在靠前的位置，把肚带系在马的肋侧，开始时肚带只需要固定住马鞍即可，不可过紧。若开始时肚带过紧，会使马不适，当马匹感觉到过度的压力，就可能起扬或卧倒。在这一阶段的所有努力都是为了避免马匹与驯马师之间的"斗争"。

在开始精确的调教之前，驯马师需要明白马匹的背景以及基础训练程度。如对一匹直接从马场出来的马驹和一匹已经接受过一些基础调教的马驹就要运用不同的训练方法区别对待，下文所讲的1.5岁青年马调教技术主要针对1.5岁之前已经有基础调教背景的马匹。

【专业知识准备】

马术俱乐部1.5岁青年马调教技术规范

（一）准备工作

1. 接近马匹。首先从接近马匹开始，标准而安全地接近马匹的做法是：面对马头左侧，沿45°向马颈接近，站到与它左肩平行的位置上。切忌从马匹的后方接近马，由于视野的限制和草食动物的本性，马匹对于从后方接近自己的物体会感到非常恐惧，会用后蹄踢。马匹的单后肢飞踢不仅非常准，而且力量相当大，如果人被踢到十分危险。走到马前，轻柔地和马匹说说话，这样不仅可以让驯马师放松下来，也可以舒缓马匹警惕的神经。轻轻地抚摸马匹的前额，继续和马匹说话，进一步让马匹对驯马师产生好感和信任。接近马匹时要做到不断注意和观察马匹的行为和表情：必须注意和观察马匹的眼神变化与耳朵动作，揣摩马匹的心理情绪。只要看到马匹不高兴或者有发怒的表情，就应当及时回撤，防范危险。调教时间依据马匹与人的亲和度而定，一般1～2周。

2. 马匹口腔检查。用牙锉将马匹的臼齿锉平，尤其是衔铁可能碰到的部位。马匹有狼齿的话要请兽医拔掉。

3. 毛巾拍打训练。接近马匹调教做好以后就可以在马房进行毛巾拍打调教，目的是让马匹习惯被触摸。马匹的敏感部位，如耳朵后面、腹侧、腋下、腿部、臀部等要重点进行。先用手触摸，再用毛巾拍打，要遵循先轻后重、先慢后快的原则。为防止危险的发生，牵马和实施拍打的人要站在马的一侧（图2-7），调驯时间持续到马匹完全接受毛巾拍打训练为止，一般3～7天。

图 2-7 牵马和实施拍打的人站在马的一侧

4. 马房转圈训练。马匹毛巾拍打调教结束后就可以开始马房转圈训练，其目的是让马匹学会在马房内行走、转圈，配合语音指令，让马匹学会根据人的指令行动，直到马匹完全根据人的指令行动完成转圈，一般3～7天。

5. 皮条压迫训练。马匹马房转圈训练结束后可以开始皮条压迫训练（图2-8），其目的是让马匹适应肚带的压迫感。首先让马匹仔细闻一闻皮条，等马匹熟悉、放心了，再勒到肚带的位置，时紧时松，让马匹在马房里逐渐适应，为将来上肚带做准备。本项调教技术大概需要1周。

图2-8　皮条压迫训练

（二）上笼头

1.5岁青年马完成调教准备工作后，就要开始上笼头调教（图2-9）。马的笼头通常由皮革或合成纤维制成，包括项革、颊革、咽革和鼻革。在内侧颊革上有一金属扣，鼻革和咽革由一短皮革相连，有些笼头还有额革。在鼻革后面中间有一铁环，用于连接缰绳。

上笼头前先让青年马熟悉笼头，将笼头放入马房内，让青年马用蹄子拨拉笼头，当马匹不再对笼头恐惧时就可以上笼头了。

（1）驯马师或骑手正确接近马匹，上笼头时，应当站在马的左侧，头部的位置，右手将缰绳缠于马的颈部，以防马匹走动。

（2）驯马师或骑手左手拿着鼻革，右手扶住马的头顶。

（3）将鼻革穿过马的鼻尖，同时右手抬高，将笼头升至马的面额。驯马师或骑手将笼头从马头顶绕至脖颈，或者让马匹先低下头再将笼头从马头顶绕至脖颈，扣于颊革金属扣上。

（4）扣紧金属扣。

（5）给笼头打结，同时调整笼头至合理位置，检查笼头松紧是否合适。笼头戴上后不能太紧或太松，太紧马不舒服，太松易脱落不安全，其松紧度以鼻革位于马的口角与眼的中间部位（面脊的前方），在鼻革下能插入2横指为宜。上笼头调教持续1～2周就可以进行下一步调教程序——上衔铁。

图 2-9　青年马调教上笼头

（三）上衔铁

马匹已经习惯上笼头后，就可以进行上衔铁的训练（图 2-10）。为了让马匹尽快"喜欢"上衔铁，可以使用衔铁芯上装有钥匙（舌头玩具）的颊杆衔铁，当马匹放松地用舌头把玩钥匙并分泌唾液时，衔铁就佩戴成功了。具体操作装备衔铁前，应先将马匹用笼头及领绳拴上。解下笼头，扣于马颈，可对马匹做有限度的控制，把马勒顺装备位置排开，置缰绳于马颈上。在内侧位置右手轻握两条颊带，右臂伸过马颈下部到外侧，右手顺势抱紧马头，左手平伸，把衔铁放置于左手掌上，贴近马嘴下方。左手大拇指插进马内侧嘴角使马打开口腔，同时右手握着两条颊带提起整副马勒，将衔铁放进马嘴内。要注意衔铁套进马嘴后，不可触及牙齿，以免马匹日后装备马勒时惊慌失措。

双手把头带从左到右套进马匹两耳后面。把额带套于马匹前额，把鬃毛理顺。首先扣上喉带，要注意喉带切忌过紧，以免影响马匹的呼吸，松紧度以可横放进4根手指头为宜；然后扣上鼻带，松紧度以可横放进1根手指头为宜。上衔铁调教需要进行1～2周，直到马匹彻底适应为止。

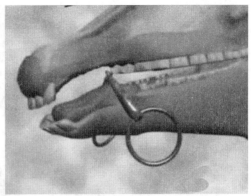

图 2-10　青年马调教上衔铁

(四) 牵行

青年马经过上笼头和上衔铁调教后就可以进行牵引调教了。

1. 牵马前进。马习惯于被两侧牵引，但通常从左侧牵引（图 2-11）。

方法是：站在马头的左侧后方，把缰绳取下来，用右手握住缰绳，与口衔环的距离约一拳宽，并用食指将两缰绳分开。保持马头自然高度，马体正直。左手握住缰绳的另一端，自然下垂。要求马向前走时，一般经过人工驯养的马会很乐意与驯马师或骑手并肩前行。但是也要注意驯马师或骑手的站立方位，如果站在马的正前方牵马，大多数马会

图 2-11　青年马调教牵行前进

拒绝前进。如果马畏缩不前，不要强拉缰绳，一般可以使用 3 种方法进行调教：一是将马头向外侧轻轻推动，待其前肢移动时，再引导马匹前进；二是左手拿鞭子，轻拍马的腹部；三是使用右手轻轻抖动缰绳，慢慢引导前进。当然，以上 3 种方法可以同时配合使用。另外要注意：牵马前进时，人和马的步伐应该保持一致，以免人脚被踩伤，青年马牵行调教一直到马匹适应为止。

2. 牵马转弯。牵马转弯时，应先引导马匹前行一段，以达到稳定和平衡的作用，然后再进行转弯操作（图 2-12）。牵马转弯时，最关键的要点是把握好转弯的方向，正确的方向是向外侧转弯，这样做的主要目的是防止马踩到牵马者的脚，初学牵马的人更应如此。牵马转弯调教一直到马可以舒服自然地听从驯马师或骑手指令为止。

图 2-12 青年马调教牵行转弯

3. 牵马停止或后退。如果要求马停止前进，可用右手轻轻向下拉动缰绳，马匹得到指示后会自动停止前行（图 2-13）。停止后，牵马者站于马头左后方，与马前肢站在一条线上，马头保持自然高度，马体正直。要求马后退时，右手用力拉动缰绳，马匹得到指示后会自然后退。牵马停止或后退调教一直到马可以舒服自然地听从驯马师或骑手指令为止。

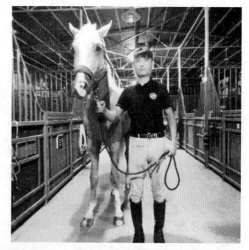

图 2-13 牵马停止

（五）调教索训练（打圈训练）

调教索训练是驯马师或骑手不骑在马背上，而是用一条长的调教索连在马的调教笼头上，一手握调教索控制着马，一手持调教鞭站在场地中间，让马在驯马师或骑手的周围做圆圈运动。

在 1.5 岁青年马的基础调教过程中，打圈是不可缺少的一部分，将教会马匹顺从，形成有节奏的步伐，并逐渐获得均匀锻炼。安全和有效的打圈是需要驯马师训练的，如果方法不正确，马匹和牵马的人都有可能面临危险。如果一匹马已经养成了不好的习惯，打圈也是一种重新训练的有效方法，它可以引导马学习正确的外形姿态，而不需要理会平衡骑手体重的附加问题；如果时间比较短，打圈亦能提供有效的热身训练；如果马匹太兴奋，骑手上马之前做的打圈练习可以消耗马匹过盛的精力，使马安静；早期的障碍训练，打圈可以有效地评估一匹马的能力和培养它的技能，有经验的打圈可以辅助物理疗法来治疗马背部和后肢等部位有问题的肌肉。因此马匹打圈训练可以用于 3 种不同目的：

（1）让马匹热身。当出于某种原因马匹无法骑乘，或者在开始特定的训练前需要消除马匹僵硬的感觉时，这是一个非常有效的手段，可以让马匹变得柔软。这时需要用到侧缰，将侧缰的长度调整到能防止马匹逃脱即可，但切记不可允许马懒惰地弓着身子，拖着步子前进。其目的是让马以稳定的步伐绕着圈前进，同时消除它的紧张感。在这种情形下，打圈类似运动员的放松运动，快步是这种打圈中最适宜的步伐。

（2）训练骑手。打圈可以用于训练骑手，让他学习如何在马背上保持正确的骑姿及指挥他的马。为了得到一个正确的骑坐姿势，需要马以稳定的步伐并变化节奏快步或跑步行进，现在侧缰就需要调整得稍短。当骑手有所进步后，就需要逐渐提高要求。尝试用一匹懒惰或习惯不好的马去训练骑手的价值并不大。在这种马上，他很难练出一个顶级骑手必备的深且稳定的骑坐。当骑手的骑坐够稳定，他才能独立地运用缰绳并学习如何去引导马。在这一阶段，马鞭只有在增强骑手的腿部扶助时才可使用。

（3）训练年轻马。这是 3 种目的中最重要的，并且后续训练中可能出现的诸多问题都可归咎于这一练习，因此本岗位手册详细介绍训练年轻马打圈技术。必须注意，年轻马在过小的圈训练的意义并不大，且可能导致马匹出现身体损伤。从打圈训练开始，马匹开始建立服从性的基础，并开始习惯忠实地听从通过调教缰传递的转向要求。

马匹天性喜欢运动，所以每天要保证马匹足够的运动量。调教索训练就是通过让马重复做圆周运动来达到一定程度的锻炼效果，此方法可用于对年轻马做基础训练。骑手或驯马师给马匹做打圈练习时，一定给马匹戴上一个调教笼头，用以连接调教索，这样就不会对马的口衔造成任何压力了。

打圈训练的目标：获取马的信任，使马服从骑手的指令，教它找到自身的平衡，增强它各种步伐的娴熟程度。随着信任的建立，服从的基础也开始建立，同时马匹也开始学习各种扶助语言。

1. 打圈准备：

（1）打圈场地准备。要求有一块安全平坦的场地，如果场地不适当的话，如地面深且黏，太硬或太滑，马匹不停换方向的拉力很大，容易受伤。好的草场地很好，但是如果经常在相同的地方打圈，马很快就会把草地踏出一个永久的蹄迹线来。最好有一块四周被木板围栏围绕的场地，围起来一个专用角落作为调教场，并拥有一片宁静的外出区域即可。此外，围栏一定要足够高和固定结实，场地不应小于 20 m×20 m 的面积。大型的马术学校和马场一般都会设有永久性的打圈地点，有些还有顶棚。

（2）打圈设备准备：

①调教索。调教索一定是做成管状的带子或结实的皮革，环扣一头系在调教笼头或衔铁上。不可使用尼龙调教索，因为即使佩戴着手套也容易滑，并灼伤手。

有些调教索有一个金属挂扣，系在调教笼头上，这样调教索的金属挂扣容易碰撞到马匹的鼻子上，并容易变形。

②水勒。水勒应使用简单的带小勒衔的水勒。如果不是打完圈后立刻骑乘，可取

下鼻革和缰绳，以免显得过于烦琐。

③护腿。佩戴通用护腿或绑缚适当的绷带以保护马匹腿部。跳障碍时则允许佩戴障碍护腿。

④调教鞭。一定要选择一条足够长的鞭子。它的作用是当马匹走的圈子过大时，使用鞭子轻轻拍打马匹。但是长鞭子大多较笨重且平衡性不好，所以要尽量选择一条用着舒服的鞭子。一匹有经验的马匹会很快知道鞭子的长度并且学会远离鞭子。

⑤手套。手套可有效保护手掌并防止调教索脱滑，所以选择佩戴舒服的骑乘手套是必要的。

⑥调教背包。调教背包就像其他普通的背包一样，它有可将侧缰固定在不同高度的环扣。使用长缰时，亦可能用到这些环扣。调教背包还可以引导一匹未经调教的年轻马接受鞭子。如果打圈后不骑乘，用调教背包比备鞍子更为方便。在调教背包下垫上厚垫，以免给马匹的脊柱和鬐甲施加过多的压力。

如果马匹的背部有伤，调教背包在垫子的保护下接触不到受伤的部位，通过正确的打圈训练，马匹同样可以保持较为舒适，同时背部的伤亦可在此期间痊愈。使用调教背包时，为防止其后滑，可使用胸带。这对年轻马来说是非常重要的，因为在开始训练时，不能将肚带绑缚得太紧。

⑦骑士帽。骑士帽的佩戴非常必要，因为马匹有时候在调教训练时会起仰或后踢，帽子可防止骑手受到严重的伤害。

青年马打圈调教设备具体见图 2-14。

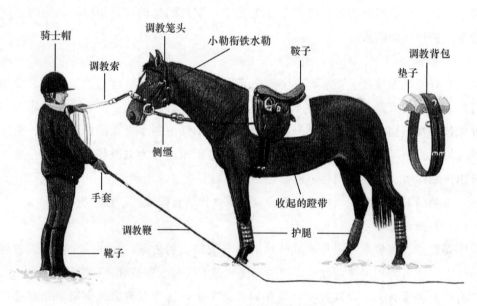

图 2-14　青年马打圈调教设备

2. 青年马打圈调教技术。调教索训练时，骑手或驯马师不骑在马背上，而是拿一条5～10米长的调教索，调教索的一端连接在马的笼头上。骑手或驯马师一手握住调教索控制马，一手拿着调教鞭，站在场地中间，让马以骑手或驯马师为圆心重复做圆周运动，马在圆圈中行进。打圈之前要佩戴好颊杆衔铁，将鼻革固定好，调教索系在鼻革中央的环内。调教索训练时，要定时变换方向，以使马匹两侧的肌肉达到均匀训练。调教索训练比较单调，也很累，尤其是训练不顺从的马，马会时有抗拒。因此，在具体的训练过程中时间不宜太长，只要达到调教所需即可。青年马具体打圈调教步骤如下：

（1）青年马调教装备佩戴。调教笼头的鼻革

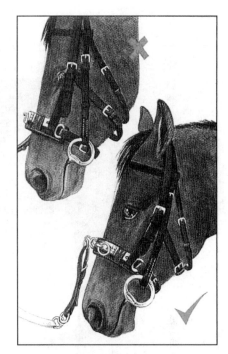

图 2-15 调教笼头的鼻革和颊带佩戴

一定要足够高，才不会夹伤衔铁边的皮肤。颊带一定要系紧，以防止调教笼头移动时伤到马匹眼睛（图 2-15）。

脚蹬带要穿过脚蹬底部，而且要将余下的脚蹬带穿到蹬环里（图 2-16）。

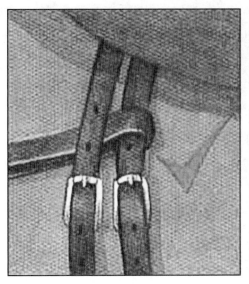
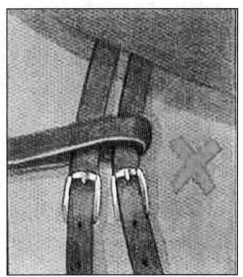

图 2-16 脚蹬带的穿法

握调教索的方式见图 2-17。

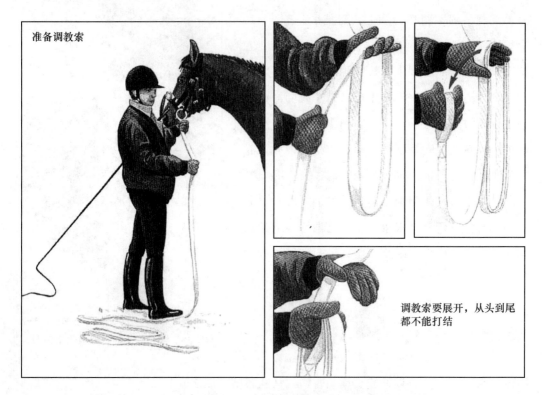

准备调教索

调教索要展开，从头到尾都不能打结

图 2-17　握调教索的方式

绝不可使用别人已缠绕好的调教索，必须要自己缠绕。从左侧开始，多数的马匹在这个方向都会乐意合作。骑手或驯马师站在马匹左侧，用左手在靠近头部的位置握住调教索，并将余下的调教索抛到一边，以免骑手或驯马师本人或者马匹踩到。将调教索卷绕在左手上，索圈一定要大小合适，既能脱离地面，又不可紧绕在手上。当缠在尾端时，用右手握住柄套，把索圈从左手换到右手，再翻过来，因而在放开调教索时，索圈可自顶部展开，而左手便可不慌不忙地或收或放了。换调教索时，重复上述练习，将调教索绕在右手上，再将索圈转到左手上。

在整个过程中，必须将调教鞭夹在手臂下面，而且鞭尖要朝后，以免吓到马匹。调教索和调教鞭使用操作过程见图 2-18。

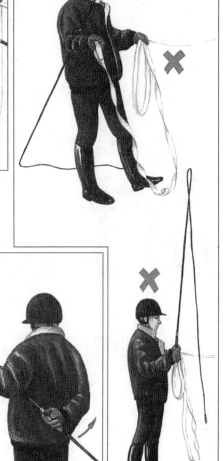

握住调教索
左图：把索圈握在拿鞭子的手里，这样容易调整
调教索。右图：此方法更适合于有经验的驯马师。

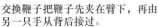

交换鞭子把鞭子先夹在臂下，再由
另一只手从背后接过。

总是保持调教索整齐利落，鞭子位置低，以避免意外。
马匹很清楚哪里有鞭子，并会认为高高举起的鞭子是
带有攻击性的。

图 2-18　调教索和调教鞭使用操作过程

（2）青年马打圈调教技术操作。为了保证安全，初次打圈需要两个人协作，打圈
时应该两人一组，主驯人手持调教索，助手持调教鞭，稍后这两项工作可由一人完成。
持调教索的人原则上站在中央位置不随意走动。打圈训练中两人应配合好，对马匹发
出明确的指示。调教索的一头要绕过笼头。驯马师可以让马在圆圈中行进，开始时走
小一点的圈。当马学会对指挥做出反应时，圈子可以扩大。可以在马刚开始行动时打
轻鞭，不要狠打马，轻轻触到后臀就达到目的了。

打圈训练见图 2-19。

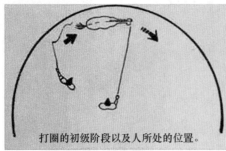

打圈的初级阶段以及人所处的位置。

确保马匹走离训练者。

在人的前方，让马后躯平行并告诉它步伐向前，要保持马头转向内方以防被踢倒。

驾驶位置是由上述动作而来。

马匹舒展四肢，低着头且步伐充满活力地向前运动，是非常好的状态。

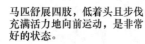

两边重复做同样的动作，但是青年马右侧训练较为困难些。

图 2-19 打圈训练

打圈时，多数马匹擅长逆时针，不擅长顺时针，因此训练之初要先从顺时针开始，最后做到两个方向都可以自如旋转。

注意驯马师与马匹的相对位置是非常重要的，驯马师不要走到马眼睛的前方，否则马匹也许会停下来并内折回来，这样会造成反抗，因此必须要避免。试着保持一个驾驶的位置，略微靠后于肚带，但要远离马匹后腿。保持让马向内方向看，这样即使马真的会乱踢，也不会被踢到。

教青年马时先走慢步，等它学会慢步，再完成快步和跑步。马在各种方向都能熟练地行进，快一些的步法只能在大圈儿中调教。马能服从声音的指导，反复使用同一指令让马掌握这个动作。使用调教索能调教和训练马的体型，是一种训练的好方法。马匹打圈训练好以后就可以采取自动遛马机训练打圈了。

（六）佩戴调教背包（上肚带）训练

上肚带是马匹骑乘调教里马匹反应最强的，因此要十分小心。为防止肚带后滑使马匹受惊，应使用带有胸档（胸板）的肚带，而且佩戴的顺序是先带胸档再带肚带（图2-20）。

打圈后让马逆时针停在蹄印上佩戴肚带，主驯人放长调教索，将第二根调教索与鼻革外侧的环相连并绕过马的身后牵拉在腿的飞节部位，但不要强拉。助手随时准备好鞭子，督促马匹慢步、快步。当马匹因感到压迫而受惊或站起时，助手要马上用鞭子或声音督促其往前走，马通过往前走会逐渐习惯肚带的压迫。上肚带调教见图2-21。

图2-20　调教背包的佩戴

佩戴肚带打圈结束后，建议在马房内继续保持佩戴肚带的状态30分钟。对于反应特别强烈的马，可让其保持佩戴状态0.5～1天。

（七）侧缰训练

一般在对马匹进行打圈、上肚带训练1～2个月后进行侧僵训练。

侧缰又称防低头缰，目的是防止马低头吃草。侧缰对防止马匹打圈时低头、教会马匹骑乘过程中保持头颈位置非常有效。侧缰是比较传统的辅助训练工具，正确地使用侧缰可鼓励马匹自主寻找衔铁，后肢收缩，主动积极，并使马匹形成正确的外形姿态。

图 2-21　上肚带调教

　　侧缰的佩戴：侧缰要在鬐甲部位交叉佩戴，开始侧缰训练时，侧缰不要拴在衔铁上，而是在鼻革上，当确认马匹适应后再拴到衔铁上，这样可以防止马匹不适应而伤到嘴部。侧缰应被固定在调教肚带上或肚带靠前的带扣上，这样就能避免马鞍因侧缰直接固定在肚带上而被往前拉。在开始使用侧缰时，侧缰应该调整到使马嘴几乎不会感觉到的长度。侧缰系法和侧缰训练见图 2-22。

　　侧缰并不是用来将马颈拉向内方的。简单皮质的侧缰最好，或者是嵌入式胶环侧缰。有弹性的侧缰有更多的伸缩性，而且可鼓励马匹更好地与衔铁保持联系。侧缰通常是系在肚带或者调教背包上，而且另一端还要有一个弹力挂扣，用以连接衔铁。侧缰应系在马匹两侧的同一高度位置，一定要先将侧缰系在肚带上，另外一端扣系在鞍子或调教背包上，准备好使用。绝不能牵着一匹将侧缰挂扣系在衔铁上的马匹，因为它可能会感到受限制而受惊。

　　应非常谨慎地确定侧缰的长度，要长一个扣，而不是要短一个扣。第一次佩戴侧缰的适当长度应该为：当马颈充分伸展时，马匹只是刚好与衔铁接触。保持两边的侧缰长短一致。当马匹在打圈时接受了侧缰积极向前时，侧缰就能帮助马匹缩短步伐，达到最佳的外形姿态。

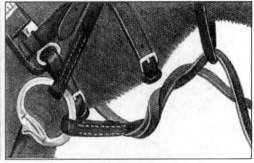

把缰绳编起来，并用咽喉革的带子绕过，这将保持缰绳利落干净，并有效防止在行走时缰绳从马匹头部掉下来。

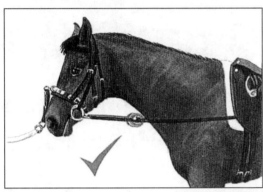

把侧缰系在肚带上，侧缰要穿过第二条肚带革，并处于第一条肚带革之下，这将有效防止侧缰下滑并帮助其保持水平。

图 2-22　侧缰系法和侧缰训练

建议不要佩戴侧缰进行长时间的慢步训练。马匹在慢步中会点头，运动脖子，但侧缰会阻止这些动作，从而导致慢步受到限制。

（八）手驾训练

青年马侧缰调教完成后可以开始手驾训练。手驾，顾名思义就是用手驾驶的意思，可以在不骑乘的情况下教会马匹基本的衔铁接受方法，通过调教索触碰马匹腹部，让其习惯被骑乘时人腿的触碰。

1. 两根调教索打圈。用两根调教索打圈是手驾的准备阶段。操作时让马逆时针站在蹄印上，将第二根调教索与鼻革外侧的环相连并绕过马的身后牵拉在腿的飞节部位，但不要强拉。手驾两根调教索打圈见图 2-23。

图 2-23　手驾两根调教索打圈

2. 在调教圈和室外训练手驾。当在调教圈内可以用两根调教索冷静地打圈后，主驯者可以逐渐绕到马的身后，进入手驾训练。注意人站的位置应该略微偏离马的正后方，让马看见人它会更有安全感。手驾时的正确站位见图 2-24。

图 2-24　手驾时的正确站位

在调教圈内当需要转换方向时，先让马停下，由助手让马走"S"后转为顺时针方向。让马在调教圈内转换方向和走"S"见图 2-25。

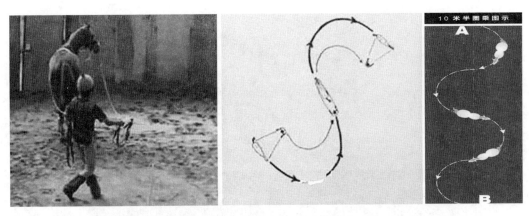

图 2-25　让马在调教圈内转换方向和走"S"

　　在调教圈里训练好了之后可以转移到室外，不过一开始要有助手牵马，以防止马跑开。

　　一开始助手要牵好马，当马可以冷静地打圈时，则可以不通过鼻革，直接将调教索固定在衔铁上。

（九）　上马鞍

　　手驾调教结束后就可以开始上马鞍调教，在马房内佩戴肚带后就可以佩戴马鞍了。

　　上马鞍时要同时进行练习垫的使用，注意练习垫不要过于靠后，防止跑步时缠在后背及腰部。已经习惯练习垫的马不经特别训练就可穿戴马衣。上马鞍训练见图 2-26。

图 2-26　上马鞍训练

（十）　佩戴低头革训练

　　佩戴低头革是防止马匹在训练和骑乘时突然仰头。因为如果骑乘时马匹向后仰，或是抬头向上向后，都会造成很大的安全隐患。使用低头革是骑手的安全保护之一。与肚带相连的低头革经过前肢和颈革与笼头或鼻革相连。佩戴低头革训练见图 2-27。

图 2-27 佩戴低头革训练

（十一）马房内横侧上马

上马前要在马的旁边跳跃或拍打马鞍，确认马是冷静的。横侧上马，上马时可借助别人的帮助将腿抬起，注意不要用力过猛跌倒在马的另一侧。马房内横侧上马见图 2-28。

图 2-28 马房内横侧上马

（十二） 骑乘训练

驯马师或骑手不在马上的马匹基础调教训练之后就是骑在马上的骑乘训练，骑乘训练依次在马房内、调教圈内和更大的场地（如跑道）进行。

1. 骑乘训练准备：

（1）骑手装备准备：头盔、防护背心、手套、马裤、马靴、短鞭。

（2）马匹装备准备：

①一整副缰绳：顶革、颊革、额革、咽革、鼻革，有的还有唇革，以及手缰与口衔。

②马鞍。

③脚蹬与脚蹬带。

④汗垫。

⑤肚带。

⑥绑腿。

（3）骑乘训练场地准备：正规马匹训练场。

2. 上马与下马训练。上马和下马是所有骑乘运动中最基本的动作，应熟练掌握。以下为上马和下马时的分解动作。

（1）上马。在上马之前，最后检查、调节一遍所有的用具，把缰绳调顺。

骑手通常应从左侧上马，把缰绳分开，越过马头挂于马的颈部，缰绳套在手臂上，防止马跑开，然后放下马镫。一般情况下，蹬革的长度以骑乘人员的虎口到腋窝的长度为准。

注意：放下马镫时不要碰及马体，让马镫垂于马的一侧。

骑手靠近马体，并与马前肢正对站立，面向马体斜后方，将左右缰绳整理为相等的长度，衔铁轻轻接触口角。左手握住缰绳，将无名指插入缰绳中间，抓住鬃甲毛，拳心向下。右手顺时针转动马镫，使马镫外侧对着自己。抬起左腿，左脚掌踩入马镫内。右手抓住后鞍桥右侧，左脚尖向下压，使其位于肚带下方，但不能触及马体。右脚蹬地，借助右脚掌的弹力和两臂的力量，轻轻向上跳起。当左腿伸直身体挺起后，右腿伸直抬起迅速跨过马的臀部，注意不要触及马体。随着右腿跨过马体，双手支撑体重，轻轻坐于马鞍上。上马具体动作见图 2-29。

a. 骑手由立正姿势向右转身，左手将缰分开轻越过马头挂于马颈部，右手放下马蹬。

b. 放马蹬时不要碰及马体，完全放下后，轻轻松手垂于马的肋侧。

c. 靠近马体与马前肢正对站立，面向马体斜后方，将左右缰整理等齐（或稍收紧左缰），使两缰内面相合贴于马颈，衔铁轻接口角，左手握缰，将无名指插入两缰中间，连同马鞭抓住鬐甲毛，拳心向下。

d. 右手顺时针转动马蹬，使马蹬外侧对着自己，从外侧踩蹬上马。

e. 抬起左腿，左脚掌踩入马蹬内。

f. 右手抓住后鞍桥右侧，左脚尖向下压，使其位于肚带下方，但不能触及马体。

图 2-29

g. 右脚蹬地，借助右脚掌的弹力和两臂的
力量，轻轻向上跳起。

h. 当左腿伸直身体挺起后，右手撑在鞍前部，
右腿伸直抬起迅速跨过马的臀部，注意不要
触及马体。

i. 随着右腿跨过马体，双手支撑体重，轻轻坐于
马鞍上。

j. 上马后右脚轻轻踩入马镫内，分开左右缰，
双手持缰，上身挺直，目视前方，保持准
确的乘坐姿势。

续图 2-29　上马具体动作

（2）下马。通常从左侧下马，下马的动作按上马动作的相反顺序进行。下马时的常
用方法有不借助马镫下马和借助马镫下马（图 2-30）。

不借助马镫下马时，先两脚脱镫，左手握住缰绳并抓住马的鬐甲部，右手撑于前
鞍桥上，身体稍向前倾，向后抬右腿跨过马背，双手支撑身体，两腿悬垂于马体一侧，
两脚同时落地。注意要两膝稍屈轻轻落地，不要触碰马的前肢。下马后，收起马镫，
将缰绳越过马头取下，右手正确握住缰绳，回到牵马姿势。

借助马镫下马时，左手握住缰绳抓在马的鬐甲部，右手撑在前鞍桥上，右脚脱离
马镫，抬右腿跨过马背落地，随之左腿脱镫着地站立。也可在右腿跨过马背后先不落
地，将右手放于鞍部中间，双手支撑左脚脱离马镫，同时两脚落地。

上下马的分解动作练习过几次后，就可以把所有这些动作连起来练习了，要把所
有动作做得连贯、迅速、准确而又自然，要一气呵成。

借助马蹬下马　　　　　　　　　　　　　　不借助马蹬下马

图 2-30　下马时的常用方法

3. 基本乘坐姿势。骑手骑在马背上时必须保持正确的乘坐姿势：头正直、两眼平视、肩膀打开、锁骨放松、背挺直，两个肩胛骨稍微夹起来一点儿，然后腰腹放松，髋关节放松，大腿放松，膝关节放松。在这放松的过程当中，膝关节会轻轻地贴在马鞍上，然后踝关节也要放松，脚轻轻地搭在镫上，脚后跟要向下。

从侧面看，骑手的肘部向前经手沿缰绳至马口部应呈一直线。骑手应随着马头的上下运动而改变两手的高度，这样才能保持"肘—手—口"形成的直线。骑手在马背上要始终与马的运动保持平衡、协调，这就要求骑手两臂放松，背腰和肩部有柔韧性。以上所讲的乘坐姿势是最基本的姿势，在不同的骑乘类型中，骑手的上身会随着马的运动做出相应的改变。马上训练正确乘坐姿势见图 2-31。

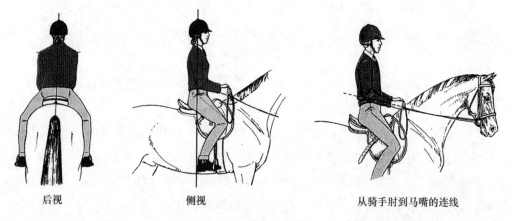

后视　　　　　　　　　　侧视　　　　　　　　　　从骑手肘到马嘴的连线

图 2-31　马上训练正确乘坐姿势

4. 马上训练。在了解了一些骑马的基本要求后，还应认识到马和骑手的训练必须是一个循序渐进的过程。要想使经过训练的马达到更高标准，骑手必须掌握马匹的基本步法。步法是指马运步的方法，它以肢蹄的节律性运动为特征，是马先天的或后天获得的特有的行进方式。马的基本步法主要有慢步、快步、跑步等。

（1）慢步。慢步是马行走的基本方式。其特点是四肢离地和着地，在一个整步中，四肢全经过一次运动，有 4 个节拍，可听到"哒、哒、哒、哒" 4 个蹄音。其着地顺序为：左后蹄—左前蹄—右后蹄—右前蹄。

慢步时，马体重心变动范围小，马能保持沉静状态，体力消耗少，四肢不易疲劳，适合肌肉锻炼和消除运动后的疲劳。马慢步时，要求动作明确，有弹性，整齐，保持稳定。骑手慢步见图 2-32。

图 2-32　骑手慢步

（2）快步。快步的特点是对角前后两肢同时离地和同时着地，每一个完整步有两个节拍，可听到"哒、哒"两个蹄音，其着地顺序为：左后蹄和右前蹄—右后蹄和左前蹄。快步时，马是从一对角两肢向另一对角两肢跳跃前进，因此，在每一步中马体都有一个瞬间的悬空期。快步应始终运步自如，活泼而规整，动作毫不犹豫。

马走快步时，体躯侧动小，但颤动大。在由一对角肢向另一对角肢转换的瞬间，马有一次腾跃，因此就会颠一下马背上的骑手，这就给学习骑马造成了困难。初学者不得不花费许多时间来克服这个困难，直到能轻松自然地承受这种颠簸。

初学的骑手每次练习快步的时间不宜过长，最好不要超过 10 分钟。尤其是刚开始训练的时候，最好是慢步与快步结合训练。骑手快步见图 2-33。

收缩步幅　　　　　　　　　　　　　伸展步幅

图 2-33　骑手快步

（3）跑步。跑步的特点是先以一个后肢着地，之后为第二后肢和对角前肢同时着地，最后为另一前肢着地。一完整步有 3 个节拍，可听到"哒、哒、哒"3 个蹄音，有一个悬空期。在跑步中，骑手的髋部和背腰放松是非常重要的，上身要随着马匹步伐的节奏而运动，如果骑手的背腰紧张僵硬，骑手就会在马鞍上颠，这样马和骑手都会感到不舒服，所以骑手应与马的运动相协调。骑手跑步见图 2-34。

（4）立定。立定时，马必须保持平稳、正直站立，体重均匀分布于四肢上，前蹄和后蹄保持对齐站立。让马立定时，骑手的身体应保持正直，既不向前倾，也不能后仰。两小腿轻轻地靠到马匹两侧，不应夹紧或僵硬。同时使马体重心移向后躯，配合做控制缰绳松紧的收放动作，使马前进受到限制，在预定位置停稳。骑手立定见图 2-35。

图 2-34　骑手跑步　　　　　　　　　图 2-35　骑手立定

如果马在立定时情绪不稳定，会影响到立定的效果，这时就要轻拍马的颈部安慰一下。有时，一句轻轻的"哦""停"也可以让马立定。立定后如果让马开始行走，方法是将缰绳放松，两脚轻轻挤压马的腹部，马就可以行走起来了。骑手骑马调教停止、启动见图 2-36。

（5）后退。后退通常由立定进行，是使马的前蹄沿后蹄的轨迹向后运动。重心要往后移，两个脚要辅助左右、左右地往后去推，然后缰绳同时配合着，左右、左右地带它。让一个没有经过系统训练的马去做倒退的话，对它来说是一种伤害。因为骑手要强迫它，对马的信心也是一种打击。如果骑手造成马紧张，它就会抗拒骑手的辅助，很容易失去控制，对骑手来说就很危险。

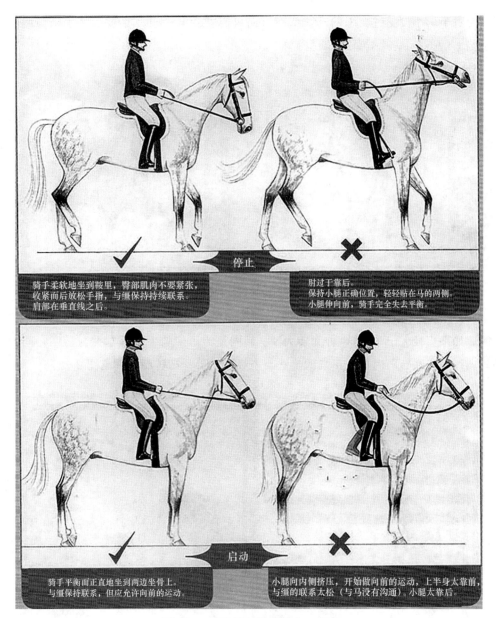

图 2-36　骑手骑马调教停止、启动

（6）改变方向。让马改变方向时，应当使马体的弯曲适合它行进的曲线。在训练中让马改变方向，是为了使马体左右两侧关节以及肌腱都能得到均匀的锻炼，也使马体两侧运动均衡，同时训练骑手在马上的平衡能力，以及在改变方向时对马的控制能力。如果骑手骑乘马匹变换方向向右转，就像我们平时骑自行车一样，视线要往右边看，两个缰绳同时往右边轻轻拉动，这时骑手的左脚就要靠后一点，往里轻轻挤压一下马的腹部，马的身体就会屈挠起来，很容易转过去。向左转与向右转的动作相反。一般来说，受过基础马场马术训练的马很容易做到变换方向，用轻微的缰、脚配合就能做到。而对于从小没受过训练的马，变换方向可能就会有一点儿难度。骑手骑马调教转弯见图 2-37。

向左转转时收紧左缰，用左腿向里靠。

骑手倾向内侧，他的右手已横向超过马的鬐甲。

转弯

图 2-37 骑手骑马调教转弯

（7）转圈。骑手骑在马上，在 6 米、8 米或 10 米直径的圆圈内做圆周运动，称为转圈。如果直径大于 10 米，称为转大圈。转圈是为了使骑手熟练掌握与马匹之间的平衡，训练马匹在转圈时保持正确的步法与姿势。骑手骑马转圈调教见图 2-38。

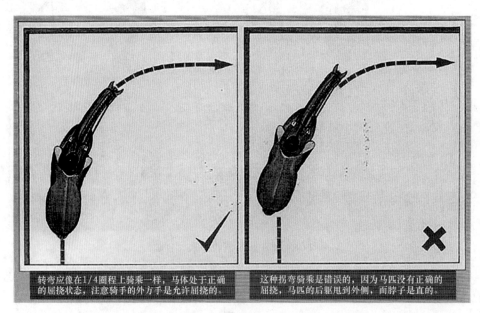

转弯应像在1/4圈程上骑乘一样，马体处于正确的屈挠状态，注意骑手的外方手是允许屈挠的。

这种拐弯骑乘是错误的，因为马匹没有正确的屈挠，马匹的后驱甩到外侧，而脖子是直的。

图 2-38

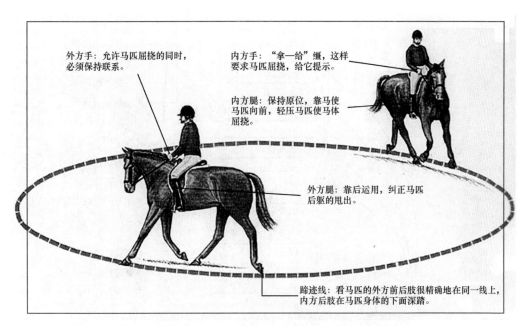

外方手：允许马匹屈挠的同时，必须保持联系。

内方手："拿—给"缰，这样要求马匹屈挠，给它提示。

内方腿：保持原位，靠马使马匹向前，轻压马匹使马体屈挠。

外方腿：靠后运用，纠正马匹后躯的甩出。

蹄迹线：看马匹的外方前后肢很精确地在同一线上，内方后肢在马匹身体的下面深踏。

内偏——马匹向外方屈挠，骑手的重心在马匹的内方肩。骑手应使用更有力的辅助来改变这种错误。

续图 2-38　骑手骑马转圈调教

综上所述，青年马按部就班地进行骑乘训练，一匹马从不能骑到能骑，大约需要经历 12 个步骤，具体驯马流程见图 2-39。

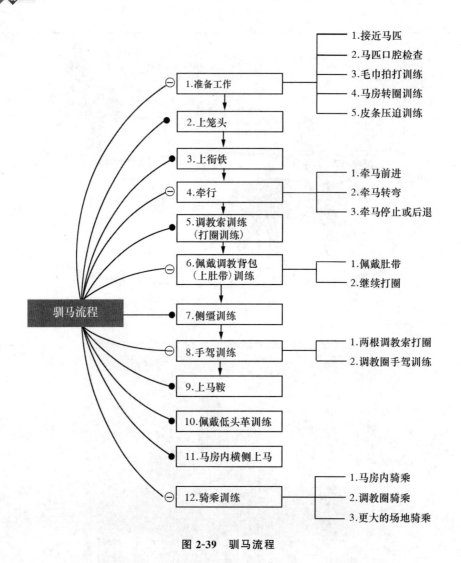

图 2-39　驯马流程

备注：上马鞍训练和佩戴低头革训练可以同时进行。马房内是否能骑乘需根据马房地面铺设的材料决定，如马房采取水泥地面不可骑乘，采取橡胶地面可以骑乘。

【典型人物案例】

　　韩国才，男，汉族，1955 年生，籍贯山东，中共党员，硕士学历，中国农业大学动物科技学院动物遗传育种与繁殖学系副教授，中国马业协会副理事长，中国农业大学马研究中心副主任，主要从事养马教学与科研工作，长期从事一线养马生产与马场管理工作，具有丰富的马业基层技术与管理经验，是我国知名的马学专家。1982—1994 年先后担任中国人民解放军北京军区红山军马场技术员、科长、副场长、场长。1994—1996 年任中国人民解放军第 9701 工厂厂长。1996 年至今在中国农业大学动物科技学院工作，其中 1996—1998 年兼任中国农业大学涿州教学试验场场长和党委副书记。为全国马业科技工作委员会主任，国家公益性行业（农业）科研专项"马驴产业技术研究与试验示范"项目首席科学家，亚洲纯血马登记管理委员会委员，中国纯血马登记管理委员会主任，国家畜禽遗传资源委员会牛马驼专业委员会委员，中国林牧渔业学会畜牧业经济专业委员会秘书长，北京市环境法学会常务理事，农业部种马进出口审批专家，《中国畜牧杂志》编委、《马业》杂志副主编、《马术》杂志编委，《畜牧兽医学报》等杂志审稿专家。主讲中国农业大学本科课程"养马学"与"马术与马文化"，主讲网络学院远程课程"养马学"，主讲养殖类推广硕士课程"畜牧业经济管理"。2009 年 9 月主讲商务部国际交流培训课程"养马学"。参讲中国农业大学"动物福利""畜牧概论"等课程。主讲的中国农业大学本科课程"养马学"在 2006—2007 学年度被评为全校一等奖。

典型人物事迹感想：
典型人物工匠精神总结凝练：

【任务环境要求】

马场、马术俱乐部具有独立的调教场、调教用具、驯马师服装等调教成套设备。最好有一块四周被木板围栏围绕的场地，以及一片宁静的外出区域，同时确定围栏足够高和固定结实，场地不小于 20 m×20 m 的面积。

【任务目标与质量要求】

学徒独立完成青年马调教操作任务，调教效果评价良好。具有较强的组织和协调能力，独立处理青年马调教过程中的各类突发事件，完成学徒任务。

【工作任务实施】

工作任务实施描述，时间、地点、学习方法。

教学过程设计（教学环节）		任务内容	学习活动方法	学习时间
岗上学习		任务咨询	学徒小组开展	70 天
教学活动 1	岗前培训	岗位技能标准、规范、注意事项	师徒互动（小组讨论）完成任务单	3 天
教学活动 2	岗上技术指导	一般技术指导：青年马基础调教技术标准，青年马疾病预防，马房温度、湿度控制等技术	现场技术指导、师徒互动（小组讨论）完成任务单	3 天
		综合能力指导：正确装备青年马调教用具，驯马师正确着装；调教安全注意事项	现场技术指导、企业综合评价	4 天
教学活动 3	顶岗工作	独立承担青年马基础调教工作	独立承担岗位工作	60 天

【岗前培训】

岗前培训必选项目：

1. 企业安全生产制度。

2. 青年马调教岗位相关工作理论、岗位技能培训。

3. 岗位任务工作规程：

（1）青年马调教前的准备工作：调教场、调教用具、驯马师服装的准备。

（2）日常调教管理工作：青年马饲喂、护理工作和马房环境控制。

（3）做好马房日常消毒工作。

（4）青年马马房工作记录规范，做好马房生产数据的记录工作。

岗前培训过程记录表

序号	岗前培训内容	培训形式	完成情况	培训师傅	培训日期
1					
2					
3					
4					
5					

岗前培训内容考核表

序号	培训内容	考核形式	考核情况记录	考核记录人	等次评定（优、良、中、差）
1					
2					
3					
4					
5					

【岗上技术指导】

1. 日常技术指导：

（1）能按照配方标准饲喂青年马。

（2）能适时补充和调制各种饲料添加剂。

（3）饮用水源消毒工作。

（4）能有效进行马房温度、湿度控制。

（5）适时对青年马进行检查、护理工作。

（6）常规马房设备、设施安装调试工作。

（7）控制马房通风量。

岗上一般技术指导过程记录表

序号	技术指导内容	学习完成情况	指导师傅	指导日期
1				
2				
3				
4				
5				

技术指导跟踪（考核）过程记录表

序号	指导内容	改进提升情况	跟踪记录人	记录日期
1				
2				
3				
4				
5				

岗位一般技术指导环节工作记录

青年马调教前工作完成记录表：

项目	完成情况	师傅评定	备注
调教场规格			
调教场围栏高度			
调教场围栏材质是否符合要求			
调教场拐角如何做合理			
调教用具是否齐全			
驯马师的服装是否符合要求			
调教笼头和水勒要求			
调教索和调教鞭的要求			
调教背包和汗垫是否符合要求			
侧缰的要求			

续表

项目	完成情况	师傅评定	备注
衔铁是否合适			
马鞍选择是否合适			
护腿选择是否合适			
调教场环境温度、湿度要求			
青年马的马房环控设施是否正常运转			
青年马的马护理用具是否齐全规范			

青年马的调教：

（1）准备工作：

项目	操作方法和要求
训练时间	
训练内容	

（2）上笼头：

项目	操作方法和要求
训练时间	
训练内容	

（3）牵行：

项目	操作方法和要求
训练时间	
训练内容	

（4）调教索训练（打圈训练）：

项目	操作方法和要求
训练时间	
训练内容	

（5）佩戴调教背包（上肚带）训练：

项目	操作方法和要求
训练时间	
训练内容	

（6）侧缰训练：

项目	操作方法和要求
训练时间	
训练内容	

（7）手驾训练：

项目	操作方法和要求
训练时间	
训练内容	

（8）佩戴低头革训练：

项目	操作方法和要求
训练时间	
训练内容	

（9）上马鞍训练：

项目	操作方法和要求
训练时间	
训练内容	

（10）骑乘训练：

项目	操作方法和要求
训练时间	
训练内容	

（11）调教环境的控制：

项目	操作方法和要求
温度	
湿度	
噪声	
气流	

（12）调教效果的评价：

评价项目		评价方法
青年马调教装备		
调教师装备		
青年马调教过程	调教准备要求要符合标准	
	上笼头、牵行要规范	
	调教索训练（打圈训练）要规范	
	佩戴调教背包（上肚带）训练、侧缰训练要规范	
	手驾训练、上马鞍训练、佩戴低头革训练要规范	
	骑乘训练要规范	
	青年马调教注意事项	

（13）青年马调教过程登记表：

时间/天	1～10	11～20	21～35	36～50	51～60	61～70
上笼头和牵行训练						
调教索训练（打圈训练）						
佩戴调教背包（上肚带）训练、侧缰训练						

续表

时间/天	1～10	11～20	21～35	36～50	51～60	61～70
手驾训练、上马鞍训练、佩戴低头革训练						
骑乘训练						
管理措施						
防疫措施						

2. 岗位综合能力指导：

(1)青年马调教效果检测。

(2)青年马调教场围栏和场地设施检查。

(3)日常调教管理各项工作。

(4)青年马疫苗定期免疫接种等各项工作。

综合能力指导过程记录表

序号	能力项目	完成质量	师傅评价	协岗日期
1	青年马调教技术			
2	青年马调教场环境调控技术			
3	青年马日常饲喂技术			
4	青年马日常护理技术			
5	青年马的马房设施的管理与维护			
6	青年马疫苗定期接种技术			

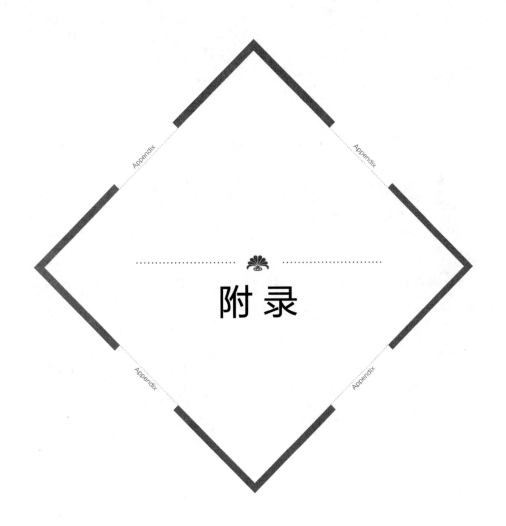

附 录

附录1
马匹调教学徒岗位课程标准

一、前言

(一)课程定位

本课程是现代马产业技术专业的特色课程,是一门工作本位必修课程,适用于高等职业技术学院马产业专业。其主要功能是使学生了解马驹和青年马调教的基础知识,具备马驹和青年马的基础调教工作能力,能胜任马驹调教、青年马调教、马匹骑乘、马房管理等一线岗位。

本课程应与"马房管理技术""骑术训练与指导"同时开设,以强化马产业企业的专业岗位理念。

(二)设计思路

马匹调教技术是马产业领域的专业技术,能够为马术俱乐部、马场及私人马会等企业提供马匹调教、骑乘指导。马匹调教部门作为马产业企业的一线部门,为马产业专业学生提供了马驹调教、青年马调教等重要的工作岗位。马匹调教技术作为岗位核心技能,对学生的专业知识、专业技能、职业道德等素质要求较其他岗位更高。因此,本课程在马产业专业课程中处于重要的地位,是一门专业特色课程。

二、马匹调教学徒岗位课程标准内容

试点专业名称	现代马产业技术专业		
学徒岗位课程名称	马匹调教		
学徒岗位课程工作描述	本课程是现代马产业技术专业学徒制马匹调教方向的专业课程,课程所对应的工作岗位就是马匹调教岗位。本课程内容需要学生在企业完成,因此需要能够适用于企业,又能够方便携带和使用的学习资源。通过联合行业企业专家,我们对课程配套教材进行了改革。教材采用活页设计,学生可以根据需要自行取用,同时配套电子版,学生可以直接通过手机客户端进行学习,老师可以通过后台布置作业,完成考核。教材全面细致地涵盖马匹调教工作的知识点和技能点,采用文字、图片、视频、动画相结合的形式,此外还分出重点、难点,并介绍多种自学方法供学生使用。	学徒工作学习周数	10周+10周
课程教学目标与学习产出	**职业素质目标(可量化考核):** 1. 具有吃苦耐劳、奉献、创新的精神。 2. 及时学习掌握新知识并运用于岗位工作。 3. 具有较强的运动安全与救护意识。 4. 注重动物福利,树立动物保护意识。 **专业知识目标(可量化考核):** 1. 了解马术俱乐部的文化、经营与管理。 2. 了解马驹的习性和常见马匹品种的生物学特性。 3. 熟记马驹调教技术流程和注意事项。 4. 熟记青年马调教技术流程和注意事项。 5. 熟记马匹基本骑乘技术流程与注意事项。 **职业能力目标(技术技能和岗位从业能力):** (一)技术技能 1. 根据不同马驹习性制订马驹调教方案并实施。 2. 能熟练操作马驹调教过程。 3. 规范熟练操作马驹护理流程。 4. 能够熟练操作青年马基础调教过程。 4. 规范熟练操作青年马护理流程。 5. 规范熟练操作装备马匹和装备骑手。 6. 规范熟练操作马匹基本骑乘。 (二)岗位从业能力 1. 服从马房经理的工作安排,能适应马术俱乐部企业的组织管理环境。 2. 有较强的语言表达能力,有良好的团队合作精神,有基本的人际和社会交往能力。 3. 能独立完成马驹调教和青年马调教过程。 4. 了解马匹的身体结构、生活习性及性格特点。 5. 具有人与自然和谐发展的生态理念。 6. 能吃苦耐劳,认真好学,态度积极,喜欢马匹。		

续表

试点专业名称	现代马产业技术专业
学徒岗位课程实施工作场所与使用工具	工作场所:马术俱乐部马匹调教场、马场马匹调教场、马术会所马匹调教场。 使用工具:马驹笼头、青年马笼头、调教索、马鞭、马鞍、调教背包、水勒、护腿、手套、安全帽、护甲、汗垫、蹬带、侧缰等。
学徒岗位课程实施岗位职业安全与规章制度	1. 学生作为新员工入职前,需经过岗前培训与岗位培训,培训合格经考核后方可上岗。 2. 在工作过程中要采用正确的方法对自己和马匹进行装备,防止马匹和人员受伤。 3. 对于一起参加马匹调教的员工要团结友爱,不准粗言乱语,不准争吵。 4. 不准虐待马匹,对马匹体贴,要有爱心、耐心、责任心。 5. 在马匹调教前和调教后都要对调教场地进行清洁打扫,调教前及时备好调教用具,调教后及时把调教用具收好,同时刷拭马匹,保证马匹卫生和环境卫生。
行业企业工作学习职业行为规范	1. 服从上级主管的工作安排。 2. 严格遵守企业的规章制度。 3. 保质保量完成学习任务。 4. 向企业师傅虚心请教。 5. 能独立完成马驹和青年马基础调教工作。 6. 了解马匹的身体结构、生活习性及性格特点。 7. 能吃苦耐劳,认真好学,态度积极,喜欢马匹。
企业师傅、专业指导教师配置与教学要求	专业指导教师: 1. 具有初级及以上教练员证或驯马师证。 2. 具备 3 年以上的马匹调教工作经验。 3. 具有 1～2 轮马匹调教课程的教学经验。 企业师傅: 1. 具有中级及以上教练员证或驯马师证。 2. 具备 3 年以上的马匹调教工作经验。 3. 作为师傅,指导 1～3 名徒弟,完成马匹调教岗位知识、技能的学习。 4. 能全过程尽职尽责地进行学徒学习评定。
可考取的职业资格证书、行业或企业证书	教练证; 企业驯马师证

续表

试点专业名称	现代马产业技术专业			
岗位工作学习任务（或项目）	工作学习内容	工作学习组织	学习产出考核标准	工作学习时间
1. 岗前培训	工作过程： 1. 我国马产业行业发展机遇与挑战。 2. 企业管理文化、企业文化学习。 3. 个人职业生涯发展。 4. 企业财务管理。 5. 认识学徒业务岗位。 6. 岗位工作技术设备与安全生产。 7. 岗位业务能力要求和培养目标。 8. 制订学徒培养计划。	1. 理解学徒制的安排及学习方法。 2. 学习企业文化、企业各项规章制度及职业精神。 3. 熟悉工作流程、人员协助等。	1. 能够理解学徒制的安排及学习方法。 2. 全面学习企业文化、企业各项规章制度及职业精神。 3. 通过熟悉工作流程、人员协助等，适应工作环境。	1周
2. 马驹调教操作	工作过程： 1. 人马亲和训练。 2. 上笼头。 3. 牵行。 4. 举肢。 5. 脱敏。 质量要求：做到动作规范、熟练，不要操之过急，一定要达到调教要求的标准，不给马驹造成伤害。	1. 学生在企业，可以直接通过手机客户端进行学习。 2. 通过观摩企业师傅的操作方法进行学习。 3. 学生在操作练习时，企业师傅在旁进行指导和纠正。 4. 学生学完后，需要通过学校指导教师及企业师傅共同进行评价。	1. 学生是否完成相关网络教学资源的学习。 2. 学生在操作过程中是否操作正确。 3. 学生是否完成网络平台的作业。 4. 成绩评定： (1)考评成绩优秀，继续由企业师傅指导进行提高练习。 (2)考评成绩合格，由企业师傅指导进行基础练习。 (3)考评成绩不合格，在企业师傅的监督下重新完成本项目内容的学习。	10周

续表

试点专业名称	现代马产业技术专业			
岗位工作学习任务（或项目）	工作学习内容	工作学习组织	学习产出考核标准	工作学习时间
3.1.5 岁青年马的调教操作	工作过程： 1. 准备工作： (1)接近马匹。 (2)马匹口腔检查。 (3)毛巾拍打训练。 (4)马房转圈训练。 (5)皮条压迫训练。 2. 上笼头。 3. 上衔铁。 4. 牵行。 5. 调教索训练（打圈训练）。 6. 佩戴调教背包（上肚带）训练。 7. 侧缰训练。 8. 手驾训练。 9. 上马鞍。 10. 佩戴低头革训练。 11. 马房内横侧上马。 12. 骑乘训练。 质量要求：做到动作规范、熟练，不要操之过急，一定要达到调教要求的标准，不给青年马造成伤害。	1. 学生在企业，可以直接通过手机客户端进行学习。 2. 通过观摩企业师傅的操作方法进行学习。 3. 学生在操作练习时，企业师傅在旁进行指导和纠正。 4. 学生学完后，需要通过学校指导教师及企业师傅共同进行评价。	1. 学生是否完成相关网络教学资源的学习。 2. 学生在操作过程中是否操作正确。 3. 学生是否完成网络平台的作业。 4. 成绩评定： (1)考评成绩优秀，继续由企业师傅指导进行提高练习。 (2)考评成绩合格，由企业师傅指导进行基础练习。 (3)考评成绩不合格，在企业师傅的监督下重新完成本项目内容的学习。	10 周

续表

试点专业名称	现代马产业技术专业
职业品质与工匠精神培养	1. 爱护马匹,热爱马匹调教工作。 2. 通过学习,能够独立完成马匹调教工作,独当一面。 3. 完成工作精益求精,有追求卓越的工匠精神。 4. 有自主学习的学习能力。
工作学习资源	1. 网络教学资源(文字、视频、图片、微课程材料)。 2. 手机 App(文字、视频、图片、微课程材料)。 3. 纸质版学徒制教材。
学徒工作学习组织管理计划	1. 学生在企业,通过数字化教学资源建设网络学习教材或学习本项内容。 2. 学生通过观摩企业师傅的操作方法进行学习。 3. 学生在操作练习时,企业师傅在旁进行指导和纠正。 4. 学生掌握本项技能后,需要通过学校指导教师及企业师傅共同进行评价。 5. 考取行业资格证书。
学徒考核评价方案	岗前培训: 学生在企业,由企业人力资源培训师对企业文化、企业经营和管理等内容进行培训,学生通过数字化教学资源建设网络辅助学习教材,或通过手机 App 学习本项内容。 学徒工作过程考核: 1. 学生认真观摩企业师傅的调教方法。 2. 在学生练习操作时,企业师傅进行手把手指导。 学徒成果考核: 学生在学徒学习结束之前,需要通过学校指导教师及企业师傅共同进行评价。 职业素养考核: 学生在企业工作期间,是否能够适应企业文化、遵守规章制度、完成学习及其他各项工作任务。
学徒岗位认证条件	1. 平时成绩(60%) 考评成绩优秀(85~100 分),继续由企业师傅指导进行提高练习。 考评成绩合格(60~85 分),由企业师傅指导进行基础练习。 考评成绩不合格(60 分以下),在企业师傅的监督下重新完成本项目内容的学习。 2. 行业资格认定(40%) 通过参加中国马术协会举办的各级教练培训班,获得行业资格证书(初级教练证)。

三、其他说明

本课程教学标准适用于高等职业技术学院现代马产业技术专业。

附录2

现代马产业技术专业马匹调教
现代学徒岗位标准

学徒岗位 名称	马匹调教		
学徒培养 时间	20周	起止时间	
学徒培养 目标	专业知识	1.了解马术俱乐部的文化、经营与管理理念。 2.了解马驹的习性和常见马匹品种的生物学特性。 3.熟记马驹调教技术流程和注意事项。 4.熟记1.5岁青年马调教技术流程和注意事项。 5.熟记青年马运动前后护理规程。	学习产出目标:独立制订出一匹马驹和一匹1.5岁的青年马的调教技术方案(包括调教前场地环境要求,调教用具和具体调教实施方案,以及调教中的注意事项和调教后马匹、场地的清洁方案)。
	专业技能	1.能熟练操作马驹调教过程。 2.规范熟练操作马驹护理流程。 3.熟练调控马驹日常舒适的环境指标。 4.能熟练操作1.5岁青年马调教过程。 5.规范熟练操作1.5岁青年马护理流程。 6.熟练调控1.5岁青年马日常舒适的环境指标。	训练产出目标:按时间和流程完整调教好一匹符合企业要求的马驹和一匹1.5岁青年马,同时操控调教期间舒适的环境指标并进行马驹、青年马护理。

续表

学徒岗位名称		马匹调教	
学徒培养目标	岗位综合能力	1.根据不同马驹习性制订马驹调教方案并实施。 2.根据不同1.5岁青年马习性制订1.5岁青年马调教方案并实施。	训练产出目标:独立制订出一匹马驹和一匹1.5岁青年马的调教技术方案并实施(包括调教前场地环境要求,调教用具和具体调教实施方案,以及调教中的注意事项和调教后马匹、场地的清洁方案)。
	职业素养	1.服从马房经理的工作安排,能适应马术俱乐部企业的组织管理环境。 2.有较强的语言表达能力,有良好的团队合作精神,有基本的人际和社会交往能力。 3.能独立完成马驹调教和青年马调教过程。 4.了解马匹的身体结构、生活习性及性格特点。 5.具有人与自然和谐发展的生态理念。 6.能吃苦耐劳,认真好学,态度积极,喜欢马匹。	培养产出目标:企业评价良好以上。
学徒工作任务清单	工作任务1	马驹调教	产出目标:按时间和流程完整调教好一匹符合企业要求的马驹。
	工作任务2	1.5岁青年马调教	产出目标:按时间和流程完整调教好一匹符合企业要求的1.5岁青年马。
合作企业与学徒岗位标准	企业员工规模	100人以上。	
	企业管理文化	爱与分享、勇敢果断、善交流、负责任、大胆创新、正直诚信。	
	学徒岗位技术要求	能独立承担马匹调教各项技术环节,调教的马匹符合企业标准。	
	学徒岗位安全要求	岗位安全生产无事故。	
	企业师傅资质与能力要求	1.具有中级及以上教练员证或驯马师证。 2.具备3年以上的马匹调教工作经验。 3.作为师傅,指导1~3名徒弟,完成马匹调教岗位知识技能的学习。 4.能全过程尽职尽责地进行学徒学习评定。	

续表

学徒岗位名称	马匹调教	
合作企业与学徒岗位标准	企业需提供食宿条件	按照企业正式员工标准提供食宿。
	学生教学及管理	学徒期间在岗位技能学习、协岗、顶岗、就业见习期间推行"双导师"管理,即学校专业指导老师、企业师傅共同管理。双导师分工负责,指导完成学生培养,提高学生的职业综合能力,实现高质量对口就业。

企业对标申请

企业名称	新疆恒尚马业有限责任公司		校企二级学院会员企业	新疆马产业职教联盟
企业技术水平与生产规模	公司目前有专业化、多元化、高档次的综合运动休闲项目"恒尚·伯骏"马术俱乐部,该俱乐部拥有建筑面积为1万米^{2}的马术主题会馆,面积约5 000米^{2}的室内马术运动场,标准马房3间,世界各类名马100余匹,马房初、中、高级教练10余人,同时还拥有一个繁育场。		拟提供学徒岗位名称	骑手、教练、驯马师
学徒培养目标可实现度	专业知识	1. 可提供"恒尚·伯骏"马术俱乐部马驹和1.5岁青年马调教标准。 2. 可提供"恒尚·伯骏"马术俱乐部马驹和1.5岁青年马调教场标准和调教环境标准。 3. 可提供"恒尚·伯骏"马术俱乐部马驹和1.5岁青年马护理规程。		
	专业技能	马驹和1.5岁青年马调教场地和环境的选择,马驹和1.5岁青年马调教技术规程,马驹和1.5岁青年马护理规程3项关键技术环节均有成熟骨干员工进行"一对一"指导。		
	岗位综合能力	"恒尚·伯骏"马术俱乐部马驹和1.5岁青年马调教水平全疆领先,选拔驯马师开展马驹、1.5岁青年马调教场地和环境的选择,并开展马驹、1.5岁青年马调教技术和护理全程管理能力指导。		
	职业素养	企业文化包含全部6项职业素质要求,按照企业员工标准进行要求。		
满足工作任务岗位情况	工作任务1	俱乐部可同时有两个学徒在师傅指导下在两个调教场开展准备工作。		
	工作任务2	俱乐部可同时有两个学徒在师傅指导下在两个调教场开展马驹和1.5岁青年马调教工作。		
	工作任务3	俱乐部可同时有两个学徒在师傅指导下开展马驹和1.5岁青年马护理工作。		

续表

企业名称	新疆恒尚马业有限责任公司		校企二级学院会员企业	新疆马产业职教联盟
学徒岗位 满足条件	提供学徒岗 位数量	"恒尚·伯骏"马术俱乐部一次可以提供6～8个学徒岗位。		
	学徒管理 保障	与学校签订学徒制培养协议,人力资源部全程负责跟踪管理。		
	学徒岗位技 术水平与培 养条件	"恒尚·伯骏"马术俱乐部马匹调教水平全疆领先,预备员工食宿条件 较好。		
	学徒岗位安 全保障	1. 与学校签订安全责任书。 2. 与企业员工(指导师傅)签订指导协议,纳入工作业绩考核。		
	企业可提供 学徒师傅姓 名与资质、 业绩	姓名	资质、业绩	
		袁××	"恒尚·伯骏"马术俱乐部总教练,工作8年。	
		巴××	"恒尚·伯骏"马术俱乐部主管教练,工作9年。	
		巴××	"恒尚·伯骏"马术俱乐部主管教练,工作7年。	
		马××	"恒尚·伯骏"马术俱乐部教练,工作6年。	
		董××	"恒尚·伯骏"马术俱乐部教练,工作4年。	
		杨××	"恒尚·伯骏"马术俱乐部教练,工作5年。	
		马××	"恒尚·伯骏"马术俱乐部教练,工作3年。	
	学徒食宿条 件保障	学徒期间企业提供食宿。		
	岗位补助 标准	提供学徒岗位补助津贴1 000元/月。		

附录3
马匹调教岗位培养学徒企业师傅聘任标准（试行稿）

为深化落实推动教育部《关于委托开展职业教育现代学徒制理论研究与实践探索工作的通知》（教职成司函〔2013〕250号），以养马企业用人需求与岗位资格标准为服务目标，丰富中国特色职业教育体系内涵，使现代马产业技术专业的现代学徒制改革顺利开展并取得实效，确保企业师资水平能够满足本专业现代学徒制教学的需要，特制定本标准。

一、聘任对象

现代马产业技术专业现代学徒制企业师傅的聘任对象主要是新疆马产业职业教育联盟内企业中有丰富的马匹饲养、调教、繁殖、兽医工作经验的在职人员。

二、聘任条件

1.对培养学生有充分热情，具有良好的政治思想素质和职业道德。

2.具备较强的处理问题能力，善于沟通和表达，能够掌握并灵活运用行业知识进行技能的传授。

3.工作经历（工种）成绩突出，善于"传、帮、带"；近3年在企业生产工作中没有违纪、违章、违规行为；年度优秀职工优先聘任。

4.取得中级及以上职业技能等级证书，或具备中级以上畜牧师、兽医师职称，或有独特专长的能工巧匠。

5.接受过专门的企业导师内训。

6.有制订、实施培训方案的能力,具备良好的语言表达能力和沟通交流能力。

7.身体健康,心理健康,能坚持正常工作,男性60岁以下、女性50岁以下。

三、评聘程序

由企业各分公司先行推荐。

获得推荐的师傅需填写"师傅申报认定表",由单位和合作院校共同审核。

经评审通过的师傅,发放聘书,聘期为3年。聘书加盖学院和企业公章。

四、奖励办法

师傅带徒弟期间,学院和企业根据工作量核定、发放相关教学工作津贴。

对于师傅带徒弟期间表现优秀的人员给予精神奖励,由单位和学院统一发文表彰,并发给获奖证书。

将优秀师傅的评选获奖情况计入个人档案,作为晋职晋级的考核依据之一。

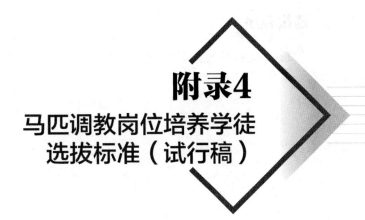

附录4
马匹调教岗位培养学徒
选拔标准（试行稿）

一、学徒选拔的基本原则

坚持"公平、公正、公开"的原则,做到选拔条件与考核内容公开、选拔经过公开、选拔结果公开,选拔优秀学徒入企实践。

二、选拔对象、条件及人数

（一）选拔对象

拟参加新疆农业职业技术学院和新疆马产业职业教育联盟现代马产业技术专业招生招工考试学生。

（二）选拔条件

1. 思想端正,有良好的道德品质和文明的行为习惯。

2. 身体健康。

3. 达到招录基础分数线。

4. 热爱畜牧事业,具有合作意识和团队精神。

5. 有责任感和奉献精神,品行端正。

6. 自愿参加,入选后同意参加现代学徒制培训。

7. 毕业后(学成后),自愿在新疆马产业职业教育联盟合作企业工作。

（三）选拔人数

根据当年计划人数确定。

三、选拔程序

单招面试（或统招填报志愿）--学院审核—企业综合考核，确定人选—签订学徒协议。

参 考 文 献

[1] 英国青少年爱马联合会. 马术手册 [M]. 韩国才，等译. 北京：中国农业科学技术出版社，2009.

[2] 宋继忠. 完全实用马术 [M]. 北京：中国铁道出版社，2003.

[3] 日本中央竞马会，竞走马联合研究所. 轻型马饲养标准（2004 年版）[M]. 芒来，译. 北京：中国农业大学出版社，2007.

[4] 付立志. 竞赛运动马匹的营养需要 [J]. 中国畜牧杂志，1998（03）：48-49.

[5] 孙玉江，曹雁行，芒来. 浅谈马的营养需要 [J]. 中国草食动物，2008（01）：63-65.

[6] 陈绍语. 竞技用马的饲养管理 [J]. 新疆畜牧业，2012（07）：34-35.

[7] 张学军，邓秀才，吕志成. 马的饲养及管理 [J]. 中国畜牧兽医文摘，2014，30（12）：62.

[8] 杨世忠，林代俊，王毅，等. 建昌马的饲养技术 [J]. 草业与畜牧，2011（11）：35-37.

[9] 毛培胜，刘克思，夏方山. 放牧管理与饲草生产在我国现代马业发展中的作用 [J]. 中国草食动物科学，2013，33（06）：67-69.

[10] MICHAEL J. STEVENS. 调教原则 [M]. 天星调良国际马术俱乐部教练组，译. 北京：中国铁道出版社，2005.

[11] JUDY HARVEY. 调教索训练（打圈）[M]. 刘燕，Kim，译. 北京：中国铁道出版社，2005.

[12] PEGOTTY HENRIQUES. 骑手的辅助 [M]. 天星调良国际马术俱乐部教练组，译. 北京：中国铁道出版社，2005.